ON THE TOP

刘希平 著

浙江教育出版社·杭州

好的人生，上不封顶。

推荐序

看这本书之前先了解一下他这个人

刘同

没想到《天下没有陌生人》要出"续集"了,David 说因为第一本书是我写的序,所以续集的序还是由我来写最好。

那就写吧。

(希望他不要再出第三本了……虽然以他的销量很有可能会再出第三本……)

我很难拒绝 David 跟我提的要求。他是一个心里极其有数的人,没谱的事,他一个字都不提;能够说出口的事,一定是他思前想后才做出的决定,且他觉得对方不会有拒绝的理由。

从上本书到这本书,一晃好几年过去了,其实这几年我和

David并没见过几面。但只要有机会见面，他就会主动和我分享他又去了哪里，见到了哪些人，遇到了哪些事，有了一些怎样的新观察和新思考。

他总是对一切都充满了好奇心，力图弄清楚周遭所能接触的一切事物，就像茨威格的小说《灼人的秘密》中的小男孩埃德加——用自己的好奇心去窥探成年人的世界，执意要掌握他们的秘密，当真的捏住了事实的真相，却又有着超出大人的气量，可以假装一切都没有发生过——噢，原来成年人的世界就是如此啊。

六十岁的David就是这样的一个小孩。

他常常会给我发信息——分享他觉得好看的剧集，表达他对一些新闻的看法，转发给我他觉得对我工作有帮助的文章，时常让我觉得我是一个被人惦记着的好朋友。

我很喜欢看David录制的那些短视频，他会很认真地回复各种网友对他的提问，即使有时一些视频点赞不多，但依然无损于他的那份热情与真心。他回答问题的语气就像我们在他家做客一样，生动而自然；也像这本书里的文章一样，聊了很多日常，而这些日常恰恰是困扰很多人的问题。

要不要开口找人帮忙？

如何判断一份工作适不适合自己？

斜杠青年能给自己加多少分？

职场上哪些话能说哪些话不能说？

……

在看这本书时我还试图去总结一些逻辑和规则，但看着看着，我大概明白了，这本书不需要什么阅读提示，真正重要的是，他能像一个毫无保留的朋友，和你分享他所想表达的一切。

表达是件重要又稀缺的事，尤其是这几年，各种类型的社会事件发生后，很多人都从"想了解"到"想不通"，再到"懒得想"，最后得出"想了也白想"的结论，逐步放弃了本该自己去了解的很多真相，随之选择"躺平"，而后把自己"躺平"的原因归结于外部环境。

这部分人不仅自己不思考，也不求助于朋友，等终于有一天突然很想做出改变、很想找个人聊聊自己的困惑时，却发现身边一个能和自己聊天的人都没有——要么和自己一样什么都不懂，要么就是自己"够不上了"——以前那些称得上朋友的人已经十分忙碌，忙到没时间理会自己了。

我喜欢和 David 做朋友的原因大概就是我很喜欢他一直在思考，简单的或复杂的，他都能用自己最真诚、最直接的方式表达出来，十分接地气，不会和你说一些无关痛痒的大道理。

在看这本书时，好多次我都忍不住笑起来。比如，他和客户开会，同事很认真地做了PPT并卖力讲解完之后，David就说：你们应该看得出来，我们的员工是花了多少心力把这个提案做出来的。结果你们在这边看微信、打电话，没有人留心去听。如果你们已经内定了某个公司，就不用再找我们合作了。客户尴尬至极，连忙解释原因。

我和David也曾一起参加过朋友的聚会，如果大家在聊天的过程中，有一个人总是在看手机，他就会以开玩笑的方式提出来，让对方"干脆忙完了再上桌"，不然会影响整桌的氛围。（那个人就是我，哈哈哈！）

因为有时会觉得他的方法挺好，所以我也常常会在生活中灵活运用。

有朋友知道我和David很熟，就常问我，一个"看起来每天很闲的世界级公关公司的董事长"，到底是如何保持持续思考，又怎样去了解年轻人在想些什么的呢？

这个问题我也问过他。他听到问题后哈哈一笑，毫不掩饰地告诉我他有一个群，群里有好几百人，全是他在各地认识的95后，里面的人互相不认识，每当他有什么事情想要了解更多不同年轻人的想法的时候，就会在群里提问。

问题包括又不局限于：你们认识某某艺人吗？这个品牌大家认识吗？大家知道那部即将要上映的电影吗？

大多数人都会在群里发表自己的看法，然后他再发个红包让大家热闹一下。他说建这个群蛮开心的，相当于拥有了一个特别厉害的智囊团，不是因为他们的意见有多专业，而是因为他们的意见才是鲜活真实的感受，真实的感受比空洞的数据更重要。

马一浮先生写过这样一句诗："已识乾坤大，犹怜草木青。"意思是即便一个人历经世事、阅尽沧桑，依然能够在俯下身看到草木生发、春风又绿时生出喜悦之情。

如果用另一句话来表达则是"知世故而不世故，历圆滑而弥天真"——这完全就是我眼里的 David。

我希望他能就这么一直记录下去，记录他人生中的各种细枝末节、各种叩门求教，能不能帮助到年轻人另说，他自己本身就是一本很有趣的书啊！

自 序

2022年6月，海南万宁。我推着冲浪板向大海走去，海水齐腰深时，我坐上冲浪板，向着远处划水，坐板看浪、转身、追浪、起乘……教练的技术指导还在耳边回响，这是我的第一课，教练刚好跟我同名也叫David。和好朋友一起来海南度假，我们完全是一时兴起学冲浪的，因为朋友甚至都不会游泳，但万宁这里如同泰国普吉岛的氛围感染了我们。我们先在泳池里练，然后就勇敢地走向了大海。

听说冲浪对臂力、核心、腰部和腿部的力量要求很高，有些初学者第二次上课才会练到划水、推板及上板，大部分人到了那时早就浑身酸疼无比了，而我，第一次上课就来回十几次,几乎成功地站到板上,被教练夸,说我身体素质好。那天我们遇到了大浪,等之后我们去到后海村时,不禁感慨那里的浪真是太小了,难怪住在那儿的冲浪爱好者们成天在等浪。

老实说我并不喜欢咸咸的海水兜头盖脸砸过来的感觉,有些浪的下面有把人拖走的潜流,也挺吓人的。但是那种兴奋,那种盼望自己能站在浪头的渴望,不知怎地就跟我第二本书的出版联系到一起了。

在我写第一本书——《天下没有陌生人》时,周遭还是风平浪静。此后,随着我年龄的增长、持续的学习和大环境的变化,尤其是经历了疫情之后,我深深地感觉到,就算身边有众多好朋友,那也是不够的。只有自我的历练和成长,才能让你避开危险的浪头、驾驭好的浪头,最终踏浪而行。

这本书里,我写到了人际关系中的技巧、职场上常遇到的问题、能带来自信的内驱力、我一辈子都在坚持的健康理念,以及让"我之所以成为我"的积极心态,希望这些能够引起你们的共鸣。

最后,我想以一个朋友的身份给年轻的朋友们一些看似"老掉牙",但实际上非常有用的建议:

1. 健康的身体非常非常重要；
2. 要活在当下；
3. 别为将来焦虑，把眼前的事做好就可以了；
4. 不要跟别人比，你没走过同样的路就没有可比性。

如果这些你都做到了，那你会跟我一样成为一个快乐的、身心健康的人。

目录

1 好关系，有链接也要有边界　001

好关系是麻烦出来的　003
做好自己，不被别人干扰　008
懂得拒绝才能活得不纠结　012
互相信任是一切关系的基础　017
不要任由他人否定你　021
先学会爱自己，才能好好爱别人　026
建立健康的亲密关系　031
多一个朋友就少一个敌人　035
走出偏见，包容多元化　039
跳出你的交友圈　043

2 真正让你值钱的，是你的核心竞争力

049

做一个靠谱的职场新人 051

每一个问题都有解决办法 056

事事有着落，件件有回音 061

做好向上管理 065

没有不适合的工作，只有不愿努力的投入 070

逆向学习，应该是一种常态 075

如何保持职场核心竞争力 080

打破平庸状态要靠行动 085

找到工作的意义 090

维护性别平等的职场环境 094

打破你的思维习惯 099

3 拥抱变化，未知并不恐惧 105

限制你成长的是已知的事情 107

用积极的心态对抗人生的不愉快 111

人生不需要仰望，把羡慕留给自己 116

自信是自己相信自己 120

从想到做，行动才是硬道理 125

勇敢跨出舒适圈 130

学会与不确定性相处 135

保持学习的状态 140

教养，是你最好看的门面 145

如何持续输出优质的内容 149

如何看待职场女性 154

4 自律者出众，放纵者出局 161

对的事，天天做 163
如何拥有无限可能的人生 168
如何让自己变得更好 173
让健康变成一种生活态度 177
如何摆脱年龄焦虑 181
你的形象就是你的价值 186
如何度过一个令你精神焕发的假期 191
你是在"假装健身"吗 196
珍惜健康，敬畏生命 200
我的第一次直播健身 205
体重管理是一辈子的事 210
身体健康是一切美好的开始 215
减重最重要的是要有行动力 220
我的财富观 225

5 打破偏见，突破认知局限

231

是什么让我们全力以赴	233
为什么我总是那么乐观	238
打破偏见，才能与美好相遇	244
改变能改变的，接受不能改变的	248
保持理性，心怀善意	252
苦事、乐事、寻常事	257
从心、从贤、不从众	262
做乐观的人，用乐观心态影响身边人	267
找准自己的目标，就不会躺平	271
不负韶华，想做就做	276

言行一致，是我人生观里最重要的准则。

1

好关系，
有链接也要有边界

长期专注一份事业,你才有偶尔固执己见的资本。

好关系是麻烦出来的

我曾经读到过一则故事,讲述的是一个犹太家庭在"二战"时遭到迫害,父亲让自己的两个儿子分别去寻求帮助。大儿子去找曾经帮助过自己的人,小儿子去找自己曾帮助过的人,结果却是大儿子获救,小儿子被出卖。这个故事告诉我们,在现实生活中,真正对你忠诚的都是曾经给过你恩惠的人,因为人们会更重视自己为其付出过的东西。

由此,让我不禁联想到有个朋友问我的问题:"要不要麻烦别人?"在日本,"不麻烦,不打扰"是一种根深蒂固的文化,所以走得慢的日本人会主动让后面走得快的人先行,甚至在电车里连手机响了都会说声对不起,看完球赛会把垃圾带走,就是不想打扰、麻烦他人。曾听说,日本一位搭电车的醉酒女乘客胃部不适想要呕吐,但因为怕吐在电车里给别人带来不便,宁愿直接吐在自己的名牌手提包里,这听起来是件令人惊讶的事。

"麻烦"让人更加懂得珍惜

我从小比较独立,一直尽量不麻烦他人,不过我很认同前面犹太兄弟的故事,你曾经为其付出过的朋友,你心里会比较重视,因为你愿意为他付出。人都是这样的,你付出之后才会更加珍惜。所以我现在跟年轻朋友相处时,如果他要请我吃饭,我也是不会拒绝的。因为当他付出之后,他会更加珍惜这段关系。可我也不会一直让人请我吃饭,那样别人就会觉得是我爱占便宜。

我有一个美食家朋友,他对食物和料理很有研究,一直梦想着开一家自己的餐厅,后来就真的付诸行动,准备找几个朋友一起投资。我十分支持并愿意入股,但在与他深入沟通之后,我放弃了这个投资机会。为什么呢?因为我发现这个朋友自己并不愿意出钱,只想占技术股,让其他股东来出资。在我看来,投入得越多,就越会努力去珍惜现在做的事。假若你没有付出很多,那失去的时候就不会心疼,而且遇到挫折也更容易放弃。他不愿意投入资金，表示他对这个事业没有信心。如果连自己都对自己不报以百分之百的信任，别人自然也会有所动摇。

"麻烦"需要注重时机

对于"麻烦"别人或找人帮忙，我自己有几个原则。

1. 自助者天助，自己能解决的事，自己想办法解决，别老想着麻烦别人。

2. 找个比较好的时机开口，成事的概率就会大一点。

比如说，如果别人在你很忙的时候请你帮忙，你可能不会答应他，但如果他挑了一个你比较清闲的时机，也许你就会答应了。换句话说，我们在找别人帮忙的时候，要选择正确的时机。以前就听说过，在周五申请签证比较容易成功，因为隔天就是周末了，签证官周五的心情会比较愉悦。而周一被拒的概率就比较高，因为签证官也会有"周一综合征"。

3. 不要有事时才去找别人，给人"目的性很强"的感觉，而是平时就要一直与人保持来往。

我天生就乐于助人，更愿意先付出。比如，有人会请我帮忙跟酒店拿些折扣，出国时帮忙带些东西回来，这些举手之劳的事情我都会答应。甚至你不开口，我也会主动示好。有朋友开了餐厅，我会带其他朋友去吃，也会在我的社交媒体上宣传；知道有人喜欢维尼小熊，我出去旅游看到了就帮他带一个回来。正因为这样，我的朋友也很愿意在我需要帮忙时伸出援手。

4. 开口请别人帮忙时，要先考虑对方是否有能力和资源可以帮你。

如果不确定对方是否能够帮到你，还是免开尊口为好。

5. 别人帮你是情分，不帮你是本分。

很多时候你想跟别人成为朋友，想请别人帮忙，这些都是你的一厢情愿，实际决定权在对方手里。比如说，我看到有些学生为了校庆去找名人录祝贺视频，可这些名人为什么要答应你呢？有人答应了，说不定正好因为他有新电影要上映，为了帮新戏做宣传，顺便就拍了，要是没有这个原因他也许就不会答应。

这事成与不成其实和你本人没有太大关系。即使今年校庆你能找到十个名人送祝福，明年你是不是还能找到就不一定了。所以，我们在找别人帮忙的时候就要有个心理准备。如果别人真的帮你了，那是恩惠，要铭记在心；如果人家不帮你，我认为也是理所当然。只要自己心态端正，就算被拒绝也不会感到失望，不会有什么抱怨或不愉快。

最后，要明确告诉别人你需要帮忙，需要帮什么样的忙。

现在年轻朋友怕被拒绝，或是认为别人帮助他是理所当然的，所以只会告诉别人他遇到了什么困难，然后指望对方主动伸出援手，这样就成了"是你主动要帮我的"，自己心里就不会有愧疚感，这明摆着是把别人当傻子。如果你需要帮忙，就得开口，就要心存愧疚。不过，遇到困难还是要先想解决之道，接着采取行动，有时就能走出困境。只有自己不断地帮自己，你才会越来越独立、越来越强大。

做好自己，不被别人干扰

我在和年轻人交往的过程中，发现许多人都太在意外界的看法和评价了，结果自己压力很大。

前几日，我和一个羽毛球队的队员聊天。他比赛打得不太好，心情很糟糕。

他说："我觉得自己一塌糊涂，很迷茫。"

我安慰他："不要被自己的负面情绪击垮。既成事实，我们无法改变，但我们可以改变自己的心态，重新出发。"

"我还常常在意别人的看法和评价，这样让我觉得很累。"他担心队友会看不起他，很不开心。

我告诉他："对于比赛，只要你尽全力了，无愧于自己，那就没有什么好难过的。别管别人说什么。而且，如果队友因为你没打好就看不起你，那他们就不是你的好朋友。"

这里我要讲一下奥普拉的一句话，她是当今世界上最具影响力的女性之一。她主持的电视谈话节目《奥普拉脱口秀》连续十六年排在同类节目的首位，是当之无愧的"脱口秀女皇"。她曾说过："只要你仍担心别人对你的看法，别人就会一直是你的主人。唯有当你再也不需要从外在获得认可，你才能做自己的主人。"

我就不太在乎别人的看法，虽然我在公司有一定地位，但我一直没有自己的车。公司派了一辆车给我，但它仅仅只是一个代步工具。其实，在北京，有时候我会坐地铁或者骑共享单车。因为在高峰期又要赶时间的话，坐地铁和骑车是最方便的，那我就会选择它们。曾经有人问过我开什么车，奔驰还是宝马？我回答自己没有车时，别人就会露出惊讶的神情。我很纳闷，为什么非要通过外在的一辆车来证明我的价值？难道只有靠奔驰、宝马，才能证明我真是一个好领导，我这个人很有实力？如果要靠外在的力量来肯定自己，说明自己都不能肯定自己，那还何谈做自己呢？

每年，网络上都流传着我参加公司年会表演的视频，点击量达到上百万次，我也经常被人说"大胆、另类"。不过，了解我的人肯定知道这就是我的本性。但有很多网友是特别执拗的，他们不懂，你也根本没办法跟他们讲清楚什么事情。网上有些人像是天天没事干，看到什么事情都骂，即使跟他完全无关，他也会骂。对这些人，真的不用那么在乎。著名主持人李静也讲过，那些骂你的人，你又不认识，干吗去在乎？我也不在乎。因此，很多人会觉得，我比较"敢做自己"。

谈到做自己，前提一定是要符合社会行为规范，不能违背法律法规。我自己总结了几点"保持自我的方法"。

1. 面对外界的言论，要有一个正确的心态，即"有则改之，无则加勉"。

不少人常常会以别人的评价来否定自己，其实不是所有的评价我们都该去听。像我，网上评论我的人可多了，但我从来不在乎。另外，像我开头讲的羽毛球队队员的故事，如果你努力了，但结果还是不理想，这也许就是一个转机，让你反思自己是应该继续坚持，还是该选择其他方向再努力，这样看来失败也未尝不是件好事！

2. 言行一致，时间会替你证明。

想要让别人了解、相信你就是这样一个人，那你必须言行一致，并且长久地坚持下去。时间会证明给他人看：你一直就是这样的一个人。

3. 清楚优先次序，这样做选择时才会很快。

我就是一个很清楚优先次序的人。举个例子，有一次我和一个十几年的好朋友一起去唱歌，到后来他兴致大发，不让我们走，要所有人都留下来陪他唱到凌晨。虽然我第二天一大早还要飞去出差，我真的很想回去睡觉，但难得看他这么开心，不想扫他的兴，我还是选择了留下。有人可能会说，这样就没在做自己啊！不是的，当我们跟朋友相处时，势必会在朋友与自己的某些意愿之间做选择，我觉得朋友更重要，所以愿意牺牲睡眠时间去陪他。这时候不要觉得自己"委屈"，明确哪个在你心里更重要，然后做出选择，你依然还是在做你想做的事。

很多人觉得我敢做自己，什么话都敢讲，什么事都敢做。不少人想要像我一样，一方面做自己，另一方面获得外界的肯定。但我要告诉你，只有当你的能力达到了足以影响周围的程度时，你再做自己，相对而言会更容易被大家认可、接受。不过，最重要的是，不管任何时候都不要被别人的言语绑住。乔布斯说过："你的时间有限，所以不要为别人而活。不要被教条所限，不要活在别人的期望里。不要让别人的意见左右自己内心的声音。最重要的是，勇敢地听从自己的直觉，只有自己的直觉知道自己的真实想法，其他一切都是次要的。"

懂得拒绝才能活得不纠结

我在社交媒体上曾经收到过一位女粉丝的私信,我觉得还挺有意思的,特意分享出来,大家也可以思考一下:如果你遇到了同样的问题,会如何解决?

私信的大致内容是:她最近认识了一个学长,对他有点好感。有天学长突然跟她说,想请她帮个忙,找她借点钱。她就感到有些困惑,私信问我,自己到底该不该帮这个忙。她觉得两个人才认识没多久,还没有熟到可以借钱的地步。可不借呢,一是怕影响两人日后的关系,导致今后不能深入交往;二是拒绝别人真的是一件很难的事,不知道该如何开口。

我是这么回复她的:首先,当然是拒绝。通常来说,男女双方认识没多久，肯定都想要尽可能展现出自己最好的一面给对方看，怎么会刚认识就找你借钱呢？其次，如果他因为你的拒绝，日后就不跟你继续交往，那说明他一开始与你交往的目的就不对，假如是这样的情况，那他也不值得你继续深入交往下去。

我想有很多年轻人可能都遇到过类似的问题，明明想要拒绝却又怕破坏彼此间的关系，不知该如何拒绝。因为拒绝的话总是很难说出口，但是不会说"不"只会拖累自己，让自己身心俱疲。学会拒绝也是一门学问，对此，我有一些关于"拒绝"的建议给你们，希望能为大家日后的待人处世提供一点帮助。

即使拒绝也绝不骗人

这是我很重要的一条原则。因为我是做公关的，说的和做的一定要相符才能获得别人的信任，这一点我始终谨记在心。即使有些事情我不想做，我也一定不会去骗人，不找借口。不说谎话，是因为谎话难免会有被拆穿的那一天，无意之间找来的借口，说不定什么时候就露馅了，所以无论如何我都不会胡乱找一个借口去应付对方。

比如，我今天因为有事或生病不能出门，我会很直接地告诉对方因为什么样的原因不能赴约。我也不会说一些模棱两可的话去应付别人。比如说有人邀请我参加一个活动，我不会说"我可能来不了"，我会直接说"我不能来"。因为我知道自己的日程安排已满，实在抽不出空来。

不要给别人不实际的期待

一定不要让原本简单的事情复杂化。这么一来，就不会有不必要的心理负担了，下次见到别人，也不用再回想我当初是用什么理由拒绝他的。我们都遇见过当请求别人做一件事时，有人会用"争取"这个词来搪塞，其实我觉得很不妥。比如像公关工作中，经常要找明星或嘉宾来参加活动，被邀请者都应该早一点告诉对方，当天到底能不能来参加。有的人可能就会用"争取来"回复我，这种模棱两可的答案，我们怎么拿去给客户交代呢！尤其是对时间要求非常紧迫的请求，一定不要给人错误的期待。如果你能来，就说可以，不能来就尽快明确拒绝，让对方早做两手准备。

另外，对方的回复也可以侧面反映出你在他心里处于何种地位。假如我问你："十天后我有一个签售会，你能来吗？"这时你无法预计自己十天后到底有没有事，可能会说"到时候看"。你如果这样讲，我马上就知道我在你心目中的地位是什么样的了。我只是个"备胎",别的事看起来都比我的事重要。所以我们需要学会观察,观察别人怎么对你,认清自己在他人心中的位置,你就会知道以后该怎么对待他们,这也是为人处世最基本的准则。

怎样合理拒绝别人

人与人之间一定会有一些不同,但因为是朋友,最终的目标一致——希望彼此的关系保持得更长久,所以有很多可以互相让步和妥协的地方。有了这个最重要的共同目标,我们才会求同存异。如果今天你要求我做的事情,我现在不能做,这个时候说"No"是说实话。说实话看似是拒绝,但也会让对方觉得你很真诚。不过,拒绝别人时千万不要只是拒绝,要给别人其他选项。

比如有一次好朋友约我去唱歌,因为我那天确实已经有约,所以我就说:"今天不行,改天我们一起去其他的地方好不好?"拒绝的同时给对方另一个选择,这样的沟通方式就不会让对方反感,别人跟你相处也会比较舒服。哪怕是拒绝别人,也不会让他感到不快。但现在很多年轻人都不懂得要做到这一点,他们只会说不行,而不会说哪天我们一起去做什么吧,只给出了拒绝而没有给出另一个选择,被拒绝的人心里当然会不舒服。

此外，我还总结了两个不拒绝别人的原因：

1. 把自己当作万人迷，很享受被示爱、被需要的感觉，或者喜欢被别人追求。

2. 想当"好好先生"，害怕破坏彼此间的关系。

特别是职场上的新人，更要学会拒绝，不要因为怕得罪人而当"好好先生"，结果弄得自己负担很重，事情也不能高质量完成，还会被别人埋怨。有一种心理现象叫"蔡格尼克效应"（Zeigarnik effect），指我们对未完成的事情总是念念不忘，甚至比起已完成的事情更容易想起。换句话说，每一件被拖延的事情，其实都会悬在心里，造成内在的压力。虽然拒绝对方可能会引起对方的不快，但是慢慢地你会发现，拒绝是对你内心的尊重，也是对他人的尊重，这样反而能让双方的关系更长久。

互相信任是一切关系的基础

夏季备受瞩目的世界杯是足球竞猜的高峰期。我有不少球迷朋友都跟我抱怨说，2018年的世界杯各种爆冷门，很多球迷怀疑其真实性。我不禁思考，且不论这些比赛的真实性是否存疑，单从信任角度说，我们在这方面是非常缺乏的。

我本身是乐意去相信别人的，因为我一直坚信"人之初，性本善"。同时，我也相信大部分人都是愿意给予他人信任的，不好的现象、行为只是少数。可我仍然对此感到担忧，希望在这里尽自己的微薄之力，向大家分享一些个人见解，让每个人在信任问题上多些思考。

信任是相互的

我记得，1988年我第一次来大陆，当时是陪妈妈去杭州。那时候，像我那么大的年轻人都爱去青少年宫跳舞。我第一次去就结交了两个朋友，当时我带着钱包，跳舞有些不方便，就把钱包交给了其中一个人，让他帮我保管。他还我钱包的时候还开玩笑说："你怎么胆子这么大，就不怕我把你的钱包拿走？"想来是因为我从小就容易相信别人，也许有人会说我傻，但我并不担忧，因为要是每天都在猜忌他人中生活，自己也不会过得开心。假如别人给予你信任，而你却做了辜负他人的事情，那么我可以断言，你这辈子也不会再相信任何人，你觉得这样开心吗？

大家千万不要觉得信任是一件很难的事情。其实，辜负信任的人会受到良心的谴责。在做出任何违背良心的事情前，请三思，未来背着愧疚过日子的生活是你想要的吗？我相信做了违心事后，没人还能一辈子坦荡地活下去。

诚信社会重"兴利"，轻"除弊"

说实话，无论是选择诚实还是信任别人，从实际层面来讲，成本都是最低的。例如，我要请人吃饭，别人口头答应我了，但我还是处于怀疑中，担心他到底会不会来，这样反而会花费更多时间、精力在担心上，从而影响办事效率。换句话说，大家为防范没有诚信的人，无形中也需要付出极高的社会成本，导致"防弊重于兴利"。因此，高度信任不仅能节约社会成本，还能让我们拥有更多时间去做更有意义的事。

每个人都做到事事讲诚信，整个社会才能高质量运转。比如，日本的免税制度，日本采用了"出国前，在商品贩卖阶段就将免税手续全部完成"的方式。欧洲国家大部分是要在机场或回国后退税的，退税的手续也相当复杂，像日本这种店内退税的情况其实非常少见。由此可见，他们还是很信任游客的，不仅每个公民心中都有共同的信任道德标尺，同时也将这份信任延伸到每一位游客身上，让一切都变得简单快捷。

行动是避免信任沉沦的利器

当然，大家或许也有过选择相信反而上当受骗的经历，导致之后很难再信任他人。例如，你因为信任，去健身房办了会员，结果没多久它就关门倒闭了，你的钱财、时间都付诸东流。这确实是一件糟糕的事，可是如果因为少数的坏事，就让每个人都处于防弊状态中，由此破坏了人与人之间的诚信，那才是真的可怕！

诚信对于社会是非常重要的。无论是哪个国家，首先政府必须有公信力。政府诚信是社会诚信的标杆，更是国家治理的重要资源。政府需要向公众宣扬信任的重要性，传达信任的益处，只有人人都重视信任，才不会做坏事去破坏它。其次，不仅每个人要身体力行，政府、社会还需要在教育上格外重视，尤其为人师表，为人父母，一定要以身作则，更要向下一代传递信任的珍贵，久而久之坏事必然会减少。此外，学校或是社会相应部门还可设立一定的奖惩机制，只有在政府的协同配合下，国民信任度才能更全面有效地得到提升。

出去旅游时，我经常能看到地铁在高峰期不会关闭闸门，大家都非常自觉地刷票，极少有逃票行为。街道边也会设立无人超市，全部的购物过程都是自助的，这些完全需要靠"信任"来实现。我们的社会，确实需要更高的信任度。

回想在古代，还有"道不拾遗，夜不闭户"的故事。战国时期，卫国人商鞅因逃难到秦国，主张建立法治国家，受到秦孝公的重用，他废除维护贵族特权的旧法，并先后制定了一系列新法，主张法律面前人人平等，执法严明，不徇私情。过了一段时间，秦国社会安定，国力强盛，家家都道不拾遗，夜不闭户。我希望大家日后都能多一点信任，少一点猜忌，让每一次我们为信任做出的努力都不被辜负。

不要任由他人否定你

2019年5月,又一位偶像级别的华裔大师走了,他就是贝聿铭。在赞美他的建筑作品的同时,我更敬佩的是他的一生,用含蓄内敛的东方气质面对无数的争议甚至是诋毁。

贝聿铭这一生可以说是从未远离过争议。从身为华裔承担了美国华盛顿美术馆的设计开始,到百岁之龄时承担卡塔尔多哈伊斯兰艺术博物馆的设计为止。尤其在当年设计卢浮宫的金字塔时,他遭到了那么多的辱骂,从米兰·昆德拉这样的文化名流到巴黎的街头妇女,都向他吐口水。试想一下,如果身处如今这个社交媒体时代,他会遭受怎样的网络暴力,我想想都不寒而栗。但他就是用温和的微笑承担住了。具有同样气质的还有著名导演李安。

他们都是了不起的人。

时代变化了,在信息传播速度极快的互联网环境中,作为普通人,面对诋毁、辱骂、语言暴力时能怎么办?作为公关人,我根据不同情况向大家提出一些建议,以及"温和微笑"以外的一条原则——"蒲苇韧如丝,磐石无转移"。

你确实做错了的时候

简言之,人家骂得对。这里还分两种情况,第一种情况是你犯的错是可以被原谅的无心之举,你已经感觉到愧意、不想再被人提起,那就不要回应。错就是错,在羞愧的心态下你难免会狡辩,但辩解得越多,可能越是在美化当初的错误,反而激起他人的厌恶。

第二种情况是你真的犯了原则性大错误,要马上出来承认错误,厘清事实,把责任早早承担下来。你并不能改变错误的性质,但是尽早道歉,至少能改变旁观者对你的态度。有些人担心承认了错误就再无翻身之日,其实不然,公众常常会选择原谅。多年前某月饼品牌把卖不出去的月饼拉回厂里,刮皮留馅再搅拌、炒制后入库冷藏,来年重新出库解冻搅拌、送上月饼生产线,结果被央视曝光了。这个恶性事件让该品牌这一老招牌变得岌岌可危。事后,《北京晚报》做过一次社会调查,结果四分之一的读者并不知道这件事,而另外四分之三的读者则愿意原谅,只要它诚心整改。

面对无中生有的非议

有一句流行语我觉得很生动——"人在家中坐,锅从天上来",就是这种感觉。不论是普通人,还是艺人、名流,只要不是事实,我的建议都是一句:不回应。不可能每个人都喜欢你,而你"出事了",看热闹的人就特别兴奋,怂恿你站出来回应,可你为什么要对不是事实的事来解释呢?回应一次,可能就要回应一辈子,而每一次的回应都会加深大众对这个谣言的印象,这种得不偿失的行为我坚决反对,所以大家也很少见到我给自己辟谣。比如,看到我跟羽毛球队的运动员都是好朋友,就捕风捉影,开始造谣。我的原则就是只要不是正规媒体发布的资讯,都不予理睬,清者自清。如果你分析那些造谣者的心理,你就会发现他们专门热衷于在网上跟名人"碰瓷",找大V争吵,目的是提高自己的知名度、增加粉丝量。跟这样的"杠精"面对面碰撞是极其失策的,在情绪或者辩论技巧上稍有失误,都会被留下所谓"证据",让你后悔不迭。

如果非要应对,我建议艺人们这样做:在支持你的粉丝留言下回复。一定不找最负面的那个评论"干仗",把判断留给旁观者。

何谓"蒲苇韧如丝,磐石无转移"

你永远不知道在别人嘴中的你会有多少版本,也不会知道别人为了自身利益说过什么诋毁你的话,更无法阻止那些无聊的八卦,你能做的就是置之不理。这看起来像蒲苇一样柔软,不得不遭受暴风雨的侵袭,实际上又无比坚韧。能让我们坚韧的根本,就是做人的原则——平日言行一致,树立自己的信誉。长期如此,所谓"路遥知马力",久而久之也会提升在公众中的信任度。如果对自己的价值观有信心,不轻易被外界影响,通过阅读和思考提升自己辨别是非的能力,那你就不会犯什么原则性的大错。

一旦真的不幸被谣言诋毁,你能依靠的磐石还有朋友们的信任。很多时候,很多事没必要去解释、澄清,是因为朋友了解你的为人。有时跟我同框拍照的朋友被谣言中伤,我觉得很过意不去,但是懂你的人永远相信你。当然,我也有看错人的时候,但我并不懊恼。看错朋友不是因为你眼光差,而是因为你善良;帮错朋友,不是因为你愚笨,而是因为你把感情看得太重。理解了这些,就不会觉得委屈。

更重要的是，在最艰难的时刻，还有来自家人的信任和支持。说回贝聿铭，他的儿子在采访里谈到父亲当年被法国媒体讥讽为"贝法老"，几乎失去了所有的顾客，可是他还是非常自信，他能很好地理解别人、理解各种不同的争议。争议对他而言不是压力，而是说服他人的挑战，他有很强的说服他人的能力。贝聿铭的家人也给了他很大的支持。他很强大，我们要学习这种强大。

先学会爱自己，才能好好爱别人

我们对于爱情总有很多的遐想与期盼，从情窦初开到柴米油盐，一直在苦苦追寻最适合自己的那个人，有时甚至不惜去"改造"对方以达成我们理想中的样子，但结果往往适得其反。

我认为爱情包含三个元素：激情、亲密与承诺。如果只有激情与亲密，没有承诺，那只是荷尔蒙在作祟，就不是真正的爱情。现在我想跟大家分享我对恋爱的一些感悟，不管是谈恋爱或是交朋友，只有当你知道自己要的是什么的时候，你才能找到最适合自己的那个人。

先要学会爱自己

我记得刘瑜说过:"过于看重爱情的女人是在放弃成就一个更好的自己。在爱情上我不是一个苛刻的人,除了快乐和温暖,我什么都不想从男人身上得到。钱、安全感、地位、成就感,包括智识的乐趣,这些我都可以自己追求。"人只有学会对自己好,才能学会怎么去爱别人。

现在很多人谈恋爱,每天从早到晚要发二十几条消息给对方,发了几条对方不回就开始闹:"你怎么不回?你在干吗?"用一种咄咄逼人的态度去讨一个满意的答案,其实对方可能就是上个洗手间,忘了带手机,你却那么生气。在这种情况下,你的喜怒哀乐都被另一方牵引着。不只女人这样,男人有时也这样。平常一副大男人的样子,只要女朋友一撒娇,就从老虎变成了猫。如果太把喜怒哀乐依附于对方,就会让对方产生很多无形的压力。我曾经听别人甚至用"窒息"来形容这种压力,要是这样的话,这段关系必然难以继续下去。

因此,谈恋爱时我们要学会爱自己,首先要让自己快乐,同时你的快乐不完全来自你的男/女朋友,你要学会自己去体会快乐。把自己的全部感情都寄托在对方身上,这样的爱情是不成熟的。去充实自己,把自己打造得更好,从内到外提升自己的能力和素质,可以帮助你在今后的日子里越活越开阔。当你的爱情观日趋成熟，不再是依附对方的附属品时，你的气场自然也会强大，同时也会吸引更多尊重、珍惜你的人。

值得的付出，才能收获长久的关系

有时候你会产生"我这么爱你，你怎么不像我爱你一样爱我？"这种想法。每个人都有自己表达爱的方式，你这样做是你的方式，而对方是在以他觉得爱你的方式对待你。

你的男朋友可能觉得："我今天没跟人家玩游戏，陪你吃饭，我已经很爱你了。"可是女生会觉得陪我吃饭算什么啊！实际上，他已经为此损失了他的很多乐趣，但你却感受不到。付出要获得相应的回报，这主要取决于内心的感受，物质是可以衡量的，感情则没有办法衡量，这都是你自己心甘情愿去做的事，不要以爱之名绑架别人。

多疑与猜忌是毁掉爱情的最大杀手。我认为查勤、看对方手机都是高度不信任的表现，我是从来不会做的。要相信对方对自己的善意都是发自内心的，而一时的问题有可能是因为外力造成的意外。只有双方足够信任，才能让关系变得稳固而强大，不至于因为一些小的状况导致关系破裂。

很多人都觉得自己已经很好了，一定要找一个比自己更好的能照顾自己的人。其实你忽略了一点，人跟人是不同的，对方可能没有你强,但是他可能有你想要的东西,他能让你快乐、开心。而有时你找到了比你更强的人,但对方也不能让你依赖,你们只是两个平等且独立的个体而已。比如,一个事业非常成功的女性,是家里的经济支柱,此时她并不会要求男性配偶赚一样多的钱回家,但是会希望配偶能在分担家务方面多付出一些,或是自己在家里的决定权更大一些。

所以,很多事想简单点。你跟这个人在一起,他能带给你快乐的感觉就够了。我觉得真正适合的人,不是那些外在的身高、学历、学识或者金钱地位"符合条件"的人,而是能满足你的"恋爱心理需求"的人。

用沟通加深彼此感情

很多时候,恋爱关系里的痛苦或烦恼,大多是误解造成的。这都源于欠缺沟通,认为对方应该知道"我在想什么、我讨厌什么、我想要什么……",其实即使两个人现在关系亲密,但是彼此的家庭、成长、教育背景都不同,有分歧也是在所难免的,不要理所当然地认为对方百分之百地了解你。一只手的五根手指都长短不同,更何况两个原来彼此陌生的人。所以要常跟对方述说自己的喜好、经历、价值观……让对方更了解自己。如果对方的什么作为让你不愉快,不要指责或批评,要明确告诉对方是哪些行为引起的。

多经历，更懂爱的真谛

你的第一段或第二段感情不一定是你最终的那段感情，我们可能需要多经历几次，从每段感情中去学习，才会更明白自己想要的是什么样的人或关系。我发现许多年轻人认为爱情应该是激烈的，但实则最终都是归于平淡的日常生活。没有哪种爱情可以永远轰轰烈烈，我们可以选择在年轻时去尝试怦然心动，享受激情洒脱，但要知道真正能跟你长久生活的人，必定是愿意与你一起度过柴米油盐岁月的那一个。

另外我要说，不论你单身与否，最重要的是顺其自然。有另一半固然很好，但我们也不一定非要谈恋爱。因为恋爱对象有时也会给你带来很多烦恼，比如偶尔会想要"绑住"你。仔细想想，就算不谈恋爱也能过得很好，因此，如果缘分未到的话就放平心态，顺其自然。最后祝愿大家都能遇见那个契合的人，拥有一段合适的爱情。

建立健康的亲密关系

这个世界变化很快,我也总在学新东西,去年年底我才明白"杀猪盘"是怎么回事。之前我的助理遇到了奇怪的事情,他发现有人从社交媒体上盗用他的照片跟女孩子谈恋爱,还涉及钱财问题,得知这种情况后他感觉很冤枉,让这些女孩子赶快去报警。一开始我还不明白事情的严重性,直到得知有些受害者被骗走的几十万元甚至是网贷借来的,她们渴望许久的爱情,原来是一场可怕的骗局,才知道这件事有多么恐怖。

我很心痛那些被骗的女生。我觉得不是受害人的智商有问题,而是她们太渴望亲密关系了,这本无可厚非。一个人如果拥有值得信赖的朋友,遇事有人商量,不缺关怀不缺爱,通常很难被骗。所以我坚信，拥有健康身体和健康心灵的人，其亲密关系也一定是健康的。所以，了解一下健康的亲密关系到底从哪里来，能让大家不会被骗，不会被PUA（情感欺骗）。

直觉永远是对的吗

以前我总是很相信直觉，也这样鼓励过公司的同事：如果你觉得亲密关系中的另一方有不正常的行为，一定要相信自己的直觉，结果后来被"打脸"了。

事情是这样的：有女孩子来请教我，说她异地恋的男朋友本来没有吃早餐的习惯，结果在某个早晨，她却发现他五六点时不在家，就质问他是不是彻夜外出陪别人了，他却不承认，说刚好那个时间出去吃早餐了。女孩子不相信，老实说我也不相信，觉得太反常了。结果事后真的有反转，那个男孩子努力证明自己是因为打了一夜的游戏，凌晨时饿了，想要出去吃早餐，而且女孩子以前一直建议他为了健康要好好吃早餐。那天，他觉得听女朋友的话出去吃早餐是个不错的决定，没想到引起了误会。

你看，我也有错的时候。多疑与猜忌确实是毁掉亲密关系的最大杀手，查勤、看对方手机都是高度不信任的表现，这些我是从来不会做的。每个人生活方式不同，如果只从自己的角度出发，你很可能会误解和误判。有人说我总是那么乐观，其实我天性就乐于相信对方对我的善意都是发自内心的，一时的不好都是例外，可能是因为外力造成的，这样我就很容易宽解，不让自己钻牛角尖。

1. 好的亲密关系一定是平等互惠的。

我有一些很有声望和富有的朋友，他们的太太是全职主妇。你以为男方非常成功，全是他赚钱养家，女方就应该示弱吗？其实不然。

其中一位好友，一直很强势，觉得太太照顾好家、养育孩子就足够了，他做所有决定，历来都是自己拍板。后来，他遇到一次严重的危机，当所有人都指责他时，站出来挺他的是他的太太，在这之后他发生了很大的变化。现在他在"商业形象规划"这种大事上，也会征求妻子的意见，因为家人真心为他好。我另一个老同学，管理几百亿元的私募基金，在外面都是他说了算，但家庭的消费和投资全由他的妻子做主。或者相反，一个女性在事业上非常成功，家里的经济来源主要靠她，她也并不在意，只要求男性多分担家务，家里事听他的，这也蛮公平的，是社会发展进步的体现。

这些例子都印证了，有什么样的付出就能得到什么样的回报。好的亲密关系一定是平等互惠的，不是取决于谁赚钱多，而是取决于内心的感受，不能用物质来衡量。

2. 健康的亲密关系来自彼此之间的回应。

那爱情中到底要承诺什么？是很遥远的美梦还是切实能做到的事呢，我觉得是后者。比如，只要有时间，一定尽快回复对方的信息；某天不打游戏，专心陪对方等。这可能比节日敷衍地发个红包更能让对方体会到"TA 心里有自己"。

勤于沟通。坦诚一些，说出是什么让你不舒服。如果真的产生了矛盾，也要坦诚，很多时候双方的误解都来自缺乏沟通。每个人因生活环境和成长经历不同，三观和认知肯定是不同的，不能用自己的标准去衡量别人。但是要尽量做到坦诚沟通，发生矛盾不要急于指责对方，如果对方的什么行为让你觉得不以为然、不欣赏，要明确告诉对方在什么环境下，什么言行举止，会让自己心里不舒服。

3. 健康的亲密关系来自理解。

我有一个好友，结婚时郑重其事地写下了为什么跟对方结婚的十个理由，他请求伴侣也这么做。然后双方承诺，如果未来因为什么事情很生气，甚至想离开对方的时候，一定要去查阅这十个理由，除非这十个理由都消失了，否则一定要挽回彼此的婚姻。我觉得这真是一个好方法，在此特别推荐一下。

多一个朋友就少一个敌人

2018年即将结束时,我的一些年轻同事感慨过得辛苦,全是磕不下来的甲方、搞不定的客户。但是,在我看来,任何事都要秉承一贯性。

信誉是做到言行一致

我是我们公司中国区董事长,又认识很多人,客户都知道我。这点对争取新业务还是起很大作用的,但这也是把"双刃剑",有时客户会直接找到我来"告状"。某天我接到一个电话,对方是个原来也在公关公司工作的老朋友,算是同行。后来他去了某汽车品牌的市场部，现在又换了行业，他现在负责的品牌正要做面向国际市场的宣传。鉴于我们公司的好口碑，他们找到了我们公司的科技客户组。当时因为各种原因，负责提案的团队准备不充分。这件事其实开始我并不知道，直到他在电话里问："你们公司谁负责这个案子的？我们负责对接的单位非常不满意，说：'难道万博宣伟就是这个水准？'"我大吃一惊，问清楚原委后把我们的团队批评了一通，告诉他们做事要坦诚，如果人手不够就直接拒绝，不参与好了，只要参与就要花精力去做，哪怕最后没拿到这个业务，客户也会认为我们虽然方向不对但还是很有创意的，这个声誉比什么都来得重要。

随后，我亲自带团队再次提案。在争取的过程中，我与客户那边负责拍板的最大主管会面了，没想到他说见过我，这个我也没有印象。原来他是在去英国的飞机上遇到过我，当时与他同行的人介绍了我是谁以及相关领域的声誉。这些都先入为主做了铺垫，第二次的提案和陈述我们准备得非常充分，加上我们凭借过往的成功经历，还帮客户做了"如何面对媒体，如何在新闻发布会上做演讲"的培训，这些因素最终使得我们之后的合作非常愉快。

你看，我也遇到过没磕下来的甲方和不满意的"客户爸爸"。但为什么结果不同？拿这个例子来说，本来提案输了就是输了，而人家让我们再试一次，原因就是我的朋友对我有信心，这来源于个人信誉。我常说，在朋友圈子里，你的口碑、信誉很重要，而保持信誉的方法就是平常你说的和你做的要一致。

维系友情要喜新恋旧

大家知道，我喜欢交朋友，对怎么交朋友，我是有原则的。

1. 绝不是看谁能帮我，而是看我怎么能帮到别人。

要与人细水长流地相处，逐渐给别人留下"这个人还不错"的印象。有一位业界大咖，最初我们没有交集，只是知道他的孩子是学时尚的，我刚好在时尚媒体圈里认识一些朋友，所以在参加一些时尚媒体圈的活动时就约上他，为他创造一些交流的机会。一两年下来，就给那位大咖留下了"这个人还不错"的好印象，现在我们变成了很熟的朋友。

2. 留意别人的优点，并真心赞美。

比如：哪个朋友写了好文章、发了好稿子，我都截屏发出来表达我的欣赏之情；不认识的人写了好文章我也不吝赞叹，比如我喜欢看《第一财经周刊》，如果看到了让我拍案叫绝的好作品，我甚至会特意找到作者的联系方式，请他喝咖啡认识一下，只是因为倾慕他的才华。这方面我总是很主动，不要怕赞美了别人,别人没回应,非要"互相点赞"才满意。

3. 多一个朋友就少一个敌人。

我常说职场多变化,但是一定不要"大小眼",也就是"人走茶凉"。交往中不要带着做业务的心,如果朋友离开了那个职位,也还是要与他保持良好关系。多一个朋友就少一个敌人。这跟我们公司的企业文化也吻合,我总说:"走的时候不要令人难堪,不要说走就走,要好聚好散,以后你再回来都没问题。"我们公司随时欢迎员工回来,员工习惯了我们公司的氛围,因此我们公司的员工回归率是最高的。

其实,任何事物都不是凭空出现的,都可以在以往的事物中找到雏形和依据。我要讲什么呢?我要讲的就是一贯性,保持信誉有一贯性,交朋友更有一贯性。如果能秉承这种一贯性,就没什么事能难倒你。

走出偏见，包容多元化

我也追剧。比如之前热播的《长安十二时辰》，刚看时我被深深吸引，忍不住赞叹剧本、剧情、节奏真是太好了，至于对结尾的讨论在此就不多说了。之后，办公室的实习生们在议论《陈情令》，说这部剧评分更高，成了"亚洲第一剧"，尤其得知这部剧改编自《魔道祖师》，那曾是我最爱看的动漫，惊喜之余我当然也要赶紧追。从期望很高到大失所望，一般人大概会坚持自己的观点，扬长而去，而我呢，尝试去理解那些不看剧本、不看剧情的粉丝到底想从《陈情令》里看到什么，想明白了也就接受了：凡事别太早下定论，事情自有原因。

生活里的"轴",其实是没有包容性

为自己喜欢的剧、自己喜欢的艺人,豆花的口味是咸还是甜,很多人争论不休——在我看来,从来没有一个时代像现在这样充满异见。社会学家说互联网时代充满了割裂,越是看似畅所欲言,越是谁也说服不了谁。流行的说法称固执己见的人为"犯轴",我觉得其实说到底是这些人没有足够的包容性。

先入为主的处世态度其实很偷懒,包容别人、理解别人,往往才需要花费力气。我喜欢结识新朋友,他们给我展现了一个我所不知道的新世界。有人问我,为什么我的家宴总是那么欢乐,会有不同年龄、不同职业、不同领域的人在我家聚餐,大家一起畅饮欢笑,其实就是因为我有极大的包容性。有人问我会邀请什么样的朋友到家里做客,我开玩笑说"颜值高的",其实,我真正会邀请的是情商高、可以海纳百川的朋友。偶尔也会遇到那种因为一点小事就"轴"起来的人,我只能敬谢不敏。某次客人里有位需要身材管理的朋友,当场正好有健身教练朋友在,我就好意介绍他俩认识,没想到健身教练口无遮拦,嫌他胖,说他一时半会儿练不出来。对方当然很恼怒,马上回击过去,说不会找他做教练,因为嫌他丑……两个人当时都是用开玩笑的方式说出来的,所以场面不算难堪。但事后可能相互记仇,彼此不搭理,让我这个做主人的有点难堪。

在感情世界里，我也劝年轻人，那些"眼里揉不进沙子"的固执做法，其实伤害到的是双方。要想一切顺遂，就要学会适当妥协。比如我对另一半的要求就是：和我在一起的时候，更重视我，更尊重我，即可。

职场中也有官渡之战

从生活中辐射出去，因固执己见导致全盘失败的例子那就更多了，比如官渡之战中的袁绍。我听说有几个星座的人在工作中即使意识到自己犯了错误，还是会固执己见。他们是碍于面子的狮子座、有执念的天蝎座、坚信自己的射手座。这个总结不一定科学，但挺有趣，幸而我是双鱼座。作为公司领导，我的个性和原则是这样的：

1.即使不完美，也要接受。

首先问自己是否能做到，如果自己做不到，就不要求别人做到。自己觉得不合理的，就不要用压制的手段逼人就范。

2.不要在泥潭里挣扎，走出去才更关键。

在我们公关行业里，如果某个提案最后关头才交到我这里审阅，我凭借多年的经验，看了以后马上就知道有问题，例如没揣摩透客户的需求、创意点子不够好、PPT做得不好看等，而展示给客户看的时间马上就要到了，我会怎么办？大发脾气，要求谁也不许下班，改到我满意为止吗？并不会。我有几种办法：抓紧时间准备一些可以加分的元素，比如我会建议在短时间内，找到几个 KOL（关键意见领袖），让他们谈谈对客户产品的体验，拍摄剪辑出一个视频，拿到提案现场给客户看，让他们听到更多的声音；或者把精力和智慧用到现场发挥上。以前就有过这样的例子，我亲自参加提案，看到客户的面色越来越凝重时，果断站了起来说："我们不要管这个提案了，不如推翻，如此这般做……"结果客户当场就露出了笑脸，表示：这才是我们想要的。

3. 长期专注一份事业，你才有偶尔固执己见的资本。

在万博宣伟工作了二十年，我说自己本质上依旧是在做销售工作，向客户销售我们的成绩、团队、优点。唯有在一份事业上专注很久，你的见解才能给客户带来信心。

可能有人要反驳了，说乔布斯就是固执己见的天才，而且获得了巨大的成功。但这世界上本来就没有几个乔布斯，你要评估一下，你是不是他那样的人。

跳出你的交友圈

我有段时间离开了北京整整两个月,大部分时间待在无锡,毕竟从这里去杭州、上海都只需乘坐高铁一小时。那段时间可以说让我相当开眼,真正结识了不少"小镇青年",也看到了蕴含着无穷潜力的广阔天地——所谓中国的"下沉市场"。

旧习惯和新变化

哪怕是长期出差,我也保留着旧习惯,比如健身。有朋友看到我在朋友圈里分享的净是在无锡吃美食、喝小酒的画面,以为我借着出差在外地放飞自我,不刻苦健身了,我赶紧表态:"放心吧,我是绝对不会放弃运动的,只是身在外地,觉得更有义务借着自身的一点影响力,多展示当地的风情。"

不用被禁锢在办公室内,在电话会议的空当,我会找时间在酒店内健身。为了庆祝杭州的客户成功上市,某天下午要举行一个发布会,会上我要发表公开演讲。出于对客户的重视,我先拿着演讲资料深读一番。在下午的正式演讲之前,早晨先排练一次,中午我会特意抽时间去运动,锻炼一下核心肌肉,再做一些有氧运动。这样,下午发布会时,整个人的精神状态就会很好,这也体现了对客户的尊重。

如果说有什么新变化,那就是出门在外,自然而然会变得精打细算一些。比如,在决定去哪家餐厅吃饭前,会打开应用软件看看有什么优惠券。比较起来才知道,三四线城市的消费水准真的比北京、上海亲民很多,在上海吃个汉堡包的钱,可以在无锡吃两碗面、一碗馄饨、两个小菜,再加上一杯绿豆汤;三十三元的鳗鱼饭套餐也是软糯而不肥腻,让人连连赞叹超值。食物美味,价格公道,周围的古镇也是原汁原味、古色古香——我太爱无锡这样的城市了。

破圈才能打破固有的认知

首先要说明,"小镇青年"这个名词毫无贬义,是指来自三四线及以下城市的年轻人。听说，是罗振宇在2017年的"跨年演讲"中第一次提到了这个名词。"小镇青年"比一线大城市的青年压力小，生活中更容易获得幸福感和满足感，他们有足够的闲暇去满足兴趣和爱好，渴望靠努力改变命运，更依赖熟人社交。

以我所见，三四线城市消费热度很高。在我的驻地酒店附近，有很多有规模的商厦，里面入驻了很多名牌，夜生活的热闹程度甚至堪比北京的三里屯。从我们万博宣伟的调查数据来看，下沉市场拥有庞大的人口基数，中国有将近三百个地级市，三千个县（市），三线以下城市的人口数量约十亿。近两年随着互联网的普及和网购的发展，这些城市的消费潜力和网购能力都在稳步释放。拼多多创始人黄峥的身价达到了四百五十四亿美元，没人再能随意批评拼多多的用户低端了，事实证明他挖到了宝藏——下沉市场里巨大的能量。

常年在一线大城市生活，我们有了所谓头部人群的视觉盲区，并不了解小城市里人们的生活状态和观念。利用这个机会，我结交了很多"小镇青年"。他们的生活方式刷新了我的认知：他们想追求时尚的生活，但是对价格又非常敏感。举个例子，一线大城市里的年轻人或白领常常拿着一杯咖啡，但我在小城市竟然看到一些00后的年轻人一边喝热茶一边嗑瓜子，完全是中年人的休闲方式。这对咖啡馆行业来说是个坏消息，但同时也是个好消息。因此,当某个知名咖啡品牌的负责人问我如何开拓市场时,我提了三点:第一,降价。在吃一碗馄饨只要十三元的地方,三十元一杯的咖啡价格显然没有竞争力。第二,培养年轻人喝咖啡的习惯。越是没人喝咖啡的地方,市场潜力越大。第三,与扶贫基金会一起扶持云南咖啡种植的计划很棒,这种助农的行为应该多做,让人们广泛知晓。品牌方听了也点头,说正在三四线城市努力做一些平衡。这些都是"小镇青年"教给我们的。

"小镇青年"确实比一线城市的人群更依赖社交圈的朋友分享和推荐。我在当地剪头发,找了技术水平最高的店长,剪得很利落,而且店里的发型师个个有颜值、有个性,让我忍不住展示在社交媒体里。没想到旁边一个古色古香的茶楼的主理人不知道怎么就看到了,盛情邀请我这个"名人"过去坐坐。如果能帮助他做推广,我是再乐意不过的了。

以我的初步观察,小城市的运动场馆和健身房比较少。有些"小镇青年"爱安逸的生活,不爱运动,确实比较"懒",姿态上低头含胸、不挺拔,整个人看起来没精神。既然跟他们交朋友,我就希望能更多地影响他们,帮助他们培养起运动习惯。

不要在泥潭里挣扎,走出去才更关键。

每一个问题其实都有解决办法。如果没有解决办法,那一定是问题本身出了问题。

2

真正让你值钱的,
是你的核心竞争力

新时代的诚信,就是『事事有着落,件件有回音』。

做一个靠谱的职场新人

每到毕业季,就有一批"新鲜人"即将正式开启自己的职场生涯。很多人初涉职场,会有一些困惑,我因此收到了不少求助信息。

我在《天下没有陌生人》这本书里,以及一些公开的演讲中,聊到过不少职场问题,但是,我更想给大家一些工作之外的建议。

俗话说,做事容易做人难。工作经验可以由时间和努力积累出来,但如果不会为人处世、待人接物,不能给自己的职业生涯开个好头,就有可能事倍功半,多走很多冤枉路。

不信?那我们就来看一个最简单的问题:

你会吃饭吗

吃饭,好像是天底下最简单的事。可是,你真的会吃饭吗?

我说的这个"饭"是"饭局",尤其是公司聚餐等饭局。初入职场,囿于时间和经验,在工作上你很难马上出成绩。这时候,饭局上的表现尤为重要,这是让高层主管或老板注意到你的好机会。所以,你必须懂得如何吃饭。

举个例子。我曾经带一个男孩去参加聚会,与会者都是羽毛球界现役或退役的国手们,而这个男孩恰恰就是羽毛球特长生。但席间他就只是呆坐着,既不敬酒,也不帮忙倒茶。我告诉他,在座的都是国家级运动员,你不主动去敬酒认识大家,还等别人来招呼你吗?我年轻时,只要参加聚会,就一定会主动为大家服务,拉座椅、腾东西、倒酒水。这不是拍马屁,而是一种礼貌,体现的是对前辈们的尊重。

很多年轻人个性比较自我,会觉得面对陌生人很不自在。但是,换位思考一下,其实对别人来说,你也是个陌生人。怕生并不是保持高冷的理由。如果你不擅长主动开启话题,没关系,你可以安静地聆听,多为大家服务,适当回应别人抛出来的话题。这些友善的举动会给别人留下"懂事、好合作"的好印象,你可能会因此广结善缘,进而链接到职场上的重要人士。

这么说，并不是要大家刻意去奉承巴结上级，而是要大家发自内心地去关注别人的需求。这体现了一个人对外界的敏锐感知和服务精神。这些在职场上是非常重要的。再说一个例子：有一次我们公司去日本旅游，有个男孩比较沉默，一路上他都安静地待在我身边，我一有什么需求他立刻就能注意到，马上会给我提供帮助。这样的陪伴并不喧哗吵闹，而且让人感到舒服、愉快。

那么，怎么才能吃好一顿饭呢？

吃好饭必备的技能

1. **学会点餐**：这是一个很重要的课题。美好的食物是一场饭局的基础硬件，菜点得好，一顿饭就成功了一半。首先，要上网查询准备光顾的餐厅提供什么菜系的菜，招牌菜是什么。点餐时，还要合理搭配菜色，注意荤素搭配，确保口味丰富，尤其要注意的是最好别点重复或相似的菜，比如：点了醉鸡就别再点宫保鸡丁，点了红烧肘子就别再点红烧狮子头……最后，还要注意根据来宾的性别、年龄，来搭配合适的酒水。

2. **记住他人的喜好**：以后再跟前辈、同事们一起吃饭，你就可以给每个人点上一道他喜欢的菜。这种关心会让每个人都感觉心里一暖。

3.学点小技能，总能露一手：我认识一个年轻朋友，精于"近景魔术"，每次聚会时小露一手，总能让人大开眼界。因此，如果有重要餐会，我都会邀请他一起去，久而久之，他也成了一个很受欢迎的人。

4.**善于察言观色**：聚会时大家心情比较放松，能够流露出更多的真性情，是观察别人的最佳时刻。要注意，这时候不要只关注自己的老板，饭桌上的前辈们都是你可以观察学习的对象。

5.**主动服务，不要偷懒**：无论是在饭桌上，还是在会议桌旁、办公室里，主动积极地为别人服务总是没错的。帮别人拉个椅子，挂个衣服，倒杯水，不过是举手之劳，却为自己多赢得了一点善意的空间。

6.**入座学问大，千万别坐错**：无论圆桌或方桌，通常正对着门口的那个位子是主位，正对着主位的则是次席，这两个座位都是给受人尊敬的前辈坐的。年轻朋友们千万不要坐错位子，那会非常失礼。

7.**用心社交，始于名号**：要用心记住别人的姓名以及称谓。没有人不喜欢能正确认出自己、叫出自己名字或职位的人。

8.**保持微笑，注意分寸**：如果你是"自来熟"，能自然地活络现场的气氛，用幽默为大家带来欢笑，那当然很好。若是你并不擅长社交，那就记住——"微笑永远是你最好的名片"。当然，还要能拿捏住交往的分寸，不要交浅言深。

吃饭很简单，但是，跟不熟悉的人吃一顿称心如意的饭，却需要费点心力。不要觉得麻烦，"让每个人都开心"是一种很重要的能力，它会为你带来意想不到的收获。

衷心祝愿年轻的朋友们在职场成功"飞升上仙"，吃出属于自己的美好人生！

每一个问题都有解决办法

每隔一段时间,员工过劳的社会话题就会上一次热门,情况甚至越来越触目惊心,"过劳死"的劳动者年龄已经从之前的中年人,下滑到了二十多岁的年轻人。

要谈论这个话题,我会先引用我最喜欢的电影《费城故事》里的一句台词:

每一个问题其实都有解决办法。如果没有解决办法,那一定是问题本身出了问题。

我的看法,都是以真实情况为依据的。

选择正确的工作方式更重要

"加班到后半夜,崩溃地在工位上大哭。"这种加班方式是不是在做无用功?我认识一些高科技创新领域的企业家,得知真正在创新中发展的企业并不鼓励员工这样做。从经济角度说,员工是珍贵的公司资产,也是重要的创新资本,企业家们都非常珍惜。从身体角度说,没有人能连续十几个小时专注于工作,那是不科学的。人的精力是有限的,嗜好加班的人,往往工作能力有问题,或者不敢按时下班,在打"疲劳战"。

有人会说:"公司正处于创业期,就需要员工这样奋斗,该怎么办?"在这一方面,我刚好也有亲身经历。二十多年前,我刚来北京工作时,万博宣伟才刚刚成立没多久,很多事都需要我这个总经理亲力亲为。那时我就想,只有做好了业绩,才有可能聘请更多员工。所以整整一年时间里,我都是早晨6点就起床,8点前就已经开始工作了,下班时往往已经到了夜里1点。这一年里,我很少按时吃饭,吃饭的同时也常需要回复邮件、打电话,周末也总是在工作,跟现在常说的"996"其实也差不多了。

值得庆幸的是,在这种高压工作环境中,我的精神没有被压垮。在万般忙碌中,我也会主动寻找解压的办法,比如给办公室的鲜花换水、修枝，打羽毛球，回家看书、撸猫等，给自己一个简短但是有效的喘息时间。

还有一段经历也曾对我产生极大的影响。之前在台湾工作时，我的领导一年要安排四十到五十场活动，日程紧张到一般人无法承受。但工作之余，他从不会绷着脸，而是会聊一聊女孩子流行背什么包之类的轻松话题。

企业领导者所秉持的价值观是非常重要的。它的作用，大——可以影响社会风气，小——会影响本企业内的员工的幸福感。是提倡员工受苦，把加班当成"福报"，还是展示生活中真正的幸福，让员工更加热爱生活？身为领导者，要慎重选择。

至于我自己，我现在总是在朋友圈和微博里展示美食、美景、趣事，想给大家传递正面的力量。

找到工作和生活的平衡

"一周六天上班，休息的那天就躺着，什么都不想做。"这是很多年轻人的生活状态。知乎上一个有一点五万人赞同的回答是这么描写的：好不容易休息一天，却什么也不想做，就躺在床上玩手机，玩累了看看天花板，玩饿了点个外卖，房间乱糟糟的也不想收拾。到了下午4点会突然特别难过——属于我自己的一天,就这样被浪费掉了。

我看了以后感觉既同情又悲哀:用这种休息方式,是不可能恢复精力的。

良好的睡眠、健康的饮食和适量的运动相结合,是恢复精力的唯一正确方法。再忙我也会好好吃早餐,不熬夜,坚持运动。当然选择什么样的运动方式,可以根据自己的时间表来定。如果没有固定时间去健身房,或者无法约小伙伴进行团体运动,那不妨试试跑步。跑步是锻炼心肺功能、预防"过劳"的最佳运动方式之一,它可以帮助心脏承受更高的负荷,促进脏器排毒,加速新陈代谢,增强身体免疫力,降低心脑血管疾病的发病率。

有人担心"科学跑步"需要学习,会很烦琐。在这里,我推荐一个可以帮你快速入门的"跑步333法则",即每周跑三次,每次三十分钟,持续三个月。这个法则适用于所有没有运动习惯,害怕跑步,甚至讨厌跑步的人。它不要求距离,也不要求配速,强度也是保持在跑者可以"边跑边说话"的程度。不用拘泥于技术细节,只要建立信心和习惯就好。比如春暖花开时,下班后换上跑鞋,跑上一段,就可以帮你赶走疲劳,让你变得精神焕发。等你跑完这三个月,真正爱上跑步了,再进入跑步呼吸、姿势、配速的专业练习中也不迟。

如何坚定自己的选择

"奋斗本身没有错,难以接受的是'吃得苦中苦,依旧普通人'。"做一份自己喜欢的工作和做一份挣钱的工作是不同的。既喜欢,收入又不错,那当然万事如意,可世事难两全,甚至还常常是两者皆无——既不喜欢,收入又不高。

面对"吃得苦中苦,依旧普通人"的状态,要不要跳槽?

对此,我总结了三个问题,你可以问问自己:

1. 这份工作是否可以让我一直学习,不断前进?

2. 我在这份工作中有没有自主权,哪怕现在没有,将来可能有吗?

3. 同事之间是否可以相处和谐,工作氛围是否让我有归属感?

诚恳地回答完这三个问题,去或留,你就应该有答案了。

事事有着落，件件有回音

在多次演讲和与年轻人的交谈中，我提及最多的一个话题就是：诚信。

言行一致，是我人生观里最重要的准则。

"以真诚之心，行信义之事"，每个人都会说，但要做好却不容易。为了防范那些不诚信的人，我们在无形中付出了极高的社会成本，致使整个社会"防弊重于兴利"，运转起来极为沉重且麻烦。

关于诚信的典故有很多，我印象最深刻的是"尾生抱柱"：一对恋人约在桥下碰面，不巧来了大水，男人（就是尾生）为了坚守约定，不肯逃生，最后抱着柱子被水淹死了。很多人会说他真傻，我却看到了一个用生命来实践诺言的人。

很多年轻人都有轻诺寡信的毛病，轻易地向别人允诺，之后发现做不到，再临时取消或改变，这就是不守信用。自己不守信用，自然也难以获得更多信任。

我的生活中也有这样的朋友。有一次我约一个朋友去看羽毛球比赛，他回复我说他那天有聚会，去不了，到了比赛当天，他跟我说的理由却是自己要去健身房。很明显，他忘了自己之前找的理由，又随手抓了个理由搪塞我。这让我对他的印象大打折扣。通常，我如果跟人约定见面，一定会提前两天再确认，见面当天也会再发一条微信消息确认。不论事情大小，都应该信守承诺，这样才能赢得别人的尊重。我们做公关与营销，其实就是在帮品牌或企业树立形象，品牌形象需要时间慢慢树立，而在树立形象的过程中，你说的和你做的必须一致。比如说，一提到奔驰，我们就会想到"尊贵""豪华"等关键词。这是因为，奔驰产品不仅本身很精致、昂贵，而且汽车展厅的布置、服务人员的接待也都很讲究。保持由表及里的高水准，才能在细节中把品牌形象烙入人心。

再比如路易·威登，大家公认的奢侈品品牌，它一般出现在高级商场的奢侈品专柜里。如果地摊上出现了一个路易·威登的包，即使是真的，你也不会买。你说的和你做的要保持一致，才能真正建立起你的自身形象。有些人爱讲大话，吹嘘自己的富有，却从来不带钱包付账，他的"富有"当然是打问号的！

在公开场合，我们会碰到一些"睁眼说瞎话"的人，明明人在电梯里却说自己堵在三环上……如果你这么做，身边的人会怎么看你？明眼人可能不会当场拆穿你，心里却在不断给你的信用打低分：小事儿都这么不老实，那其他的事情还能相信你吗，你是不是也说谎了？最终，你会失去所有人的信任。

别人问我喜欢什么，我可以侃侃而谈，但是问我最喜欢什么的时候，我却要想很久才能回答，因为我要确保每一次的回答都是一样的。这个问题很小、很简单，但是在回答中让别人感觉你真诚可信，却不容易。我一般不会随便答应别人什么事，但答应了就一定会做到。有一次我去咖啡厅喝咖啡，有个朋友在朋友圈看到了，就说：送一杯过来给我吧！我问了他的地址，真的给他送过去了。他既感动又觉得不可思议：你真的送来了！……对，我就是这样的，不然就不会问他要地址了！

在公司管理中，管理者也要言行一致，这样下属才会对你有信任感，从而产生高度的执行力。如果你要求员工提出有创意的方案，那么一旦有人提出新鲜思路，你就不要用种种理由去否决，否则肯定会失去员工对你的信任，以后可能都得不到真正的创意了。

在职场上，因为有职务升迁、公司转换等变动，你会拥有很多张名片，但是代表你形象的名片只有一张。它跟你从事的行业、自身职位的高低都毫无关系，而是你用自己长年累月的言行打造出来的。如果你一诺千金，你的名片必定"金光闪闪"，无论你走到哪里，都会深受大家欢迎！

新时代的诚信，就是"事事有着落，件件有回音"。人生进阶路漫长，现在就开始用诚信为你的名片"烫金"吧！

做好向上管理

每到年底,在审视这一年的生活,或者回顾自己在职场中的成长时,我们常会产生一些困惑。一个朋友 A 就向我抱怨,才入职没多久的同事 C,还是个新人,并没有做出什么特别的成绩,凭什么就得到了领导的重用?而自己一直勤勤恳恳工作了好几年,却看不到一点被提拔的迹象。难道,会拍马屁真的比能力更重要吗?

据他说,同事 C 刚来部门报到时,给每个人都带了一盒家乡特产,大家便对他赞赏有加。C 的工作岗位只是个基础职位,他平时总会主动帮大家做点杂事,领导吩咐下来的任务,他也总是主动抢着去完成。没多久,他就被指派去负责一个新项目,逐渐得到了领导的重用。

相信很多朋友都有过类似的经历吧?其实,如何给员工升职加薪,体现了领导在用人上的选择。每个领导的选择都不相同,需要根据整个团队或公司的业务水平来因需制宜。我在这里给大家谈几点经验,希望能对大家有所助益。

你可能没有自己想象的那么好

我们总是会觉得自己为工作付出了很多,每天加班,甚至都不能好好吃口饭,凭什么领导不给自己升职加薪呢?

遇到这种情况,我会首先自我反省,看看自己是不是做得没那么好。或许,自己跟领导之间的认知还有些差距,公司的考核标准看的不是员工花费的时间和精力(也就是所谓的"苦劳"),而是看员工有没有得到客户的信任和喜欢,是不是跟同事合作愉快,能不能为公司带来新的业务等(也就是所谓的"功劳")。如果没有达到公司的期望,即使十分劳累,也有可能得不到自己期望的结果。

我经常看到,现在的年轻人往往急于表现自己,爱表功,求加薪,盼升职。自己的贡献与期待的回报不匹配,就很容易失望,或者在短暂的顺心后进入低迷期。我是从底层慢慢爬上来的,在不同的职位上待过,深知凡事都要一步一个脚印。先认清自己的现状，再努力，同时也要多听取大家的意见。等公司信任你后，必然会给你应有的机会。

彼此互补才能更加强大

人无完人，事无完美。也许你的整体能力不够强，但在领导不擅长的方面，你却正好表现突出，可以弥补领导的不足，这样你依然能成为领导的"左膀右臂"。

为什么有些同事看似没有你能力强，却比你更受领导重用，多半就是因为他们的能力与领导互补。就像羽毛球双打比赛中，每个选手都有自己的球路与擅长的打法，某选手的后场进攻能力很强，可能就喜欢找一个网前技术比较好的选手做搭档，这样两个人都可以发挥自己的专长，同时相互配合，实现技术互补，达到 1+1>2 的功效。在职场上同样如此，如果你成了领导也要记住，不要总是找同质性很强的人进入团队，而是要让整个团队的成员彼此能力互补，相互支持理解，这样才能共同进步，更利于公司的发展。

发掘自己的潜力，不要故步自封

一件事做久了，很容易变成习惯，就不会去想是否还需要改变。比如，以前品牌做宣发活动，多是找明星代言，拍个广告片、办场新闻发布会，活动就结束了。但现在不一样了。首先，选择代言人的标准发生了变化，不再局限于过去的明星，而是找一些更符合当下时代口味的流量公众人物，比如，SK-Ⅱ就找了窦靖童来代言。其次，宣发的场所也发生了变化，在拍好宣传视频后，可能仅发布在网络上，利用社交平台与粉丝口碑传播进行宣传，而不局限于地面活动。所以，我们必须从现状出发，打破固有思维，去发现更有创意、更有效的方式来迎接客户的营销挑战。如果你可以拿出富有创意的别致建议去跟同事或领导讨论，大家就会看到你的潜力，觉得你真的很不错，慢慢地领导就会开始重用你。

切记，千万不要太急功近利。有人会觉得："我做这个都半年了，已经很久了，怎么还没有得到应有的奖赏？"能力是需要时间来证明的，一个好的领导绝对能看到你的能力与潜力。我们千万不要故步自封，即使工作了很长一段时间，也要不断尝试用新的方式去突破固有思维，让领导看到你的潜能。

大家都知道，在职场中，与人沟通是很重要的，但一定不要误以为，只要会沟通，你就可以平步青云。或许你现在正因为会沟通而受益良多，但是请记住，想要在职场获得更好更长远的发展，绝对不能只靠好人缘。要努力用心工作，别问自己付出了多少，而要问自己为团队贡献了多少，做出贡献后还要不断进步,才是保持不败的关键。我一直奉行"实力主义",从不相信拍马屁。我们的企业文化里也绝对没有"拍马屁就能受欢迎"这一条。不要把办公室文化看得很复杂,认为必须靠拍马屁、混关系才能获得好前途,反而忽略了最简单、最根本的原则——自己要对公司有实质性贡献。

没有不适合的工作，只有不愿努力的投入

对刚毕业的大学生来说，如何择业是一个困扰着他们的普遍问题。我经常在各大高校演讲，许多大学生都会问我："是努力找一份自己喜欢的工作，还是努力喜欢现在正在做的工作？"

调查显示：80%的人从事的第一份工作都不是自己喜欢的。剩下的20%的人则是幸运儿。

工作占据了我们人生三分之一的时间，如果你能找到自己喜欢的工作，真的是幸运又幸福！毕竟，兴趣是最好的老师，从事自己喜欢的工作，更容易有所成就。

但是在这件事上，我的看法是：从来没有谁天生适合自己

的工作，付出足够的努力后，谁都可以在自己的专业领域里闪闪发光。

工作是一场漫长的修行

我刚大学毕业时，和大家一样迷茫。我毕业于台湾大学地质系。台湾大学是台湾最好的大学，但地质专业就有些冷门了。我不知道学地质专业的人能干什么，对未来感到彷徨。毕业后第一年，我在地质研究所工作，虽然专业对口，但那一年是我最不快乐的一年，我跟研究所的环境格格不入，每天按部就班地上班、下班，没有热情，也没有激情。

过完那一年，我决定换份工作。正好台湾的中华航空公司在招人，我就去参加考试，很幸运地考上了。我在华航待了十年，前五年在机场做地勤，后五年在总公司做营销。严格来说，我是在工作十一年以后，才完全进入了现在从事的"公关"行业。刚开始接触这个行业时，几乎没人知道公关是什么，甚至我自己都没听说过这个词，完全是在实践中学习、精进，才到了现在这个阶段。

我非常建议大家，越年轻就越应该去努力尝试各种工作。我自己就是花了十一年时间去尝试，在一般人认为已经年纪老大的时候重新开始，从完全不懂到成为现在的公关专家。因此，我觉得找到适合自己的工作不是一蹴而就的，而是需要慢慢修行的，同时也需要修心。

没有不适合的工作，只有不愿努力的投入

对刚毕业的年轻人而言，迅速找准自己的定位是困难的。因为一般来说，人的专长需要漫长的时间来验证。所以，你可以先放弃这种执着，立足于当下，找到一个自己能胜任的工作，在工作中慢慢找到自己的定位。

我很重视每一个当下。不管什么工作，在做的时候我都会全心投入，倾注全部热情。

在华航的工作经历让我结下了许多美好的缘分，也让我获得了肯定。从机场地勤到总公司营销员，相当于一次升职，进一步开阔了我的视野。我入职的是一个新成立的名为"同业关系科"的部门，主要任务是与同行打交道。后来，我被派去支援印度尼西亚分公司的机场建设，在雅加达待了一个半月。即使只有一个半月，我也很认真地对待那份工作，在那边广结善缘。除了跟不同的航空公司进行业务往来，我也学了一些当地的马来语。到了一个地方就一定要学会说当地的语言，这样人家才会真心接受你，而不是把你看作游客。

所谓的一路平顺，不过是日积月累的结果。前提是我们要

先学会付出，学习语言是付出，交朋友也是付出。有些人总想着不劳而获，哪有那么容易的事！

在摸索的过程中，我们还能发掘出自己的潜能，发现自己的不足，之后就可以扬长避短。为了把公关做好，我学过翻译、同声传译、营销课程……在工作中欠缺什么，我就去学什么，全心投入，做好每一件事。事实上，如果不是去学习这些，我可能不会知道自己在这些方面也稍微有点天赋。

假如你真的努力去胜任当下的工作，时时留心，刻刻留意，真正地投入其中，你就会发现：没有什么适不适合，你完全能很好地胜任现在的工作，甚至取得令人瞩目的成就。

做好当下是最简单的选择

认定自己"不适合这份工作"，常常是外在因素造成的错误认知：升职很慢，涨薪太少；或者是跟领导、同事相处不融洽，一上班就心烦……不去处理这些外在因素，并将其归结为"自己不适合这份工作"，那你就是犯了归因错误。

如果在工作中遇到了以上问题，可以多与领导或同事沟通，来调整自己的心态。换工作绝不意味着一切立刻就会变好，你仍旧会被其他类似的问题困扰。真正要做的应该是抛开外在因素，看清本质。切忌轻易放弃，不要轻易判定自己不适合某个工作而过早地选择重来，应该尽心尽力去做好当下的工作，让自己变得更适合这份工作。

世界上从来就没有谁天生适合某个工作，必须不断摸索努力，付出全部热情，让自己成为某个工作的不二之选。看清自己，无须过于纠结，做好当下，将每个目标简单化，并一直坚持走下去，相信不论什么工作，你都可以出色胜任。

我也不是一开始就找到了自己喜欢的事业。我常常跟别人说，机会总是留给有准备的人。从1996年正式从事公关工作起，我经历了事业的"三级跳"，现在担任万博宣伟中国区的董事长。如今想来，所有的事情都是环环相扣的。

最后，我想跟大家分享一下，如果能找到一份可以让你一直保持学习、有自主性、有归属感的工作，那你就可以把它发展为你的终身事业。

职场如人生，每段经历都是你成功路上的基石，愿你们都能在自己最擅长的领域绽放光芒。

逆向学习，应该是一种常态

我坦白：其实向年轻人学习"新"，对我来说是一种常态。

从知识点到时代精神的逆向学习

我很喜欢跟年轻人打交道。每次公司新来了实习生，我都会找时间跟他们吃个饭、聊聊天，了解了解年轻人喜欢哪个艺人、看什么书、用什么应用程序，以减少后期沟通的障碍；同时，我还经常去大学演讲，跟学生们探讨问题，倾听不同的声音。我不像巴菲特那样喜欢读企业财报，而是更喜欢读新出的消费者调研报告。如今，很多品牌都把目光投向了年轻人，从数据里我可以洞察趋势和热点，做提案时可能会用到这些趋势和热点。有时候别人会调侃我：嘿，年轻人的词你也知道？那是当然了！

一般人会觉得，年轻人需要多向前辈、长辈学习，这当然没错，但在我看来，向年轻人学习更为必要。在我的字典里，这叫"逆向学习"。从年轻人那里学习新的知识、思潮、风向，乃至他们的思维方式。

除了这些，年轻人身上的创业精神也非常触动我。通过校园讲演，我认识了中国传媒大学的一位同学。他是个有心人，最初主动为我的讲演拍照片、拍视频，剪辑好以后发给我作为资料来保存，我看了之后发现他做得还挺好，性价比也很高。最后我的公司就把这项工作委托给他，将他作为公司的正式供应商来对待。之后，他真的以此创业，成立了自己的小公司，我也乐于把他推荐给别的客户。这位同学从细节做起、勤勤恳恳的创业精神，常让我扪心自问，如果换成我，是否比得过他？

年轻人触发的逆向思考

2000年，我刚进入万博宣伟时，有一个得力助手。他最初是来自北京外国语大学的实习生，后来成了公司的正式员工，总计在公司待了三年,后来被某大品牌挖走了。当时我非常不舍,但想到他去那里确实可以有更好的发展,而且挖他的品牌也很有商业道德,在挖他之前就征询了我的意见,非常值得尊重,于是,我就鼓励他去了。后来又见到他时,询问他的近况,他对新工作环境挺满意,还提到了一个加分项:"我们可以穿得比较随意。"那是2003年,我们的惯性思维还是:公关行业一定要遵守商务着装的常规。所以,当时他的话对我犹如当头棒喝,原来年轻人会把"能自由着装"看作"好公司"的标准之一。细想一下,我自己确实也不希望看到年轻人因为着装的束缚变得没有创意。之后我就规定,在万博宣伟,除了开会、见客户时必须穿正装,其余时间穿什么都可以。如果现在有机会来我们公司参观,你会看到这里的着装氛围已经跟互联网公司一样自由,而我亲自践行,是穿得最"花哨"的那个。

以上是逆向思考的外在体现,其实还有深入的定位思考。这些年大环境发生了变化,在以前,可能年轻人觉得进入公关行业搞创意还挺有面子的,但现在,互联网行业、自媒体行业动辄能开出几倍于我们的高薪,甚至还给员工期权,非常有诱惑力。那些聪明、优秀的年轻人能选择我们这个行业,真的不容易。所以我就总逆向思考:如何才能留住他们?

能否留住年轻人，考验企业文化

有一次公司去四川争取一个新业务，一开始进展还是挺顺利的。因为我对跟消费者有关的新业务历来特别重视，比较大的案子都会亲自处理，所以我也去了提案现场。在现场，我看到我们的员工在专注地工作，方案也写得很好、很有创意，但坐在我旁边的客户方高层，一会儿看微信，一会儿出去打电话。之后，我对自己公司的员工说：客户好像根本不重视我们，有意思吗？这个案子不用再继续了。出于职业素养，我们的员工还是把这个方案讲完了，他们一讲完我就直接表态："你们应该看得出来，我们的员工是花了多少心力把这个提案做出来的。结果你们在这边看微信、打电话，没有人留心去听。如果你们已经内定了某个公司，就不用再找我们合作了。何必让我们特意飞过来做提案呢？以后真的不用这样了。"客户也没想到我会这样说，他们公关部门的人马上道歉，并解释说：当天本来是老板自己要来，但临时有事到不了，只好派销售总经理过来，但是销售总经理并不是很懂营销……但是，你们的提案真的很好……

虽然有得罪客户的风险，但我还是选择公开维护自己的员工，让他们觉得公司尊重他们的努力，并且会保护他们。让员工感受到被尊重，是我们企业文化中的重要内核。公关行业有很高的员工流动率,公司能有30%的资深员工就很厉害了,而我们公司做到了。我觉得这证明我们的企业文化是成功的。

有活力的社会需要年轻人来建设。为了永远可以从不同的维度去思考,让思想永不僵化,我选择永远向年轻人学习。感谢他们!

如何保持职场核心竞争力

春节过后，不断有裁员的消息传来，真是条条惊心，让职场人士风声鹤唳。

裁员可能发生在任何年龄段。"裁员潮下，如何保持职场核心竞争力"也就成了大家普遍关心的话题。春节前，我刚好参加了"一刻 talks""职场三人行"的访谈。在人力资源专家对着年轻人敲黑板，大谈特谈"经济下行，产业调整""HIPO 高潜质人才，要自律、适应未来、自我成长"这些专业词汇时，我想在这里举一些鲜活的例子，讲一些大家能听得入耳的道理。

保护好自己的硬件

2010年，Gloria Cao以实习生的身份来到我们万博宣伟，四个月的实习期过后，她将实习案例与课本上的理论相结合，得到了毕业答辩第一名的成绩，同时也坚定了她的目标，她回绝了新华社的录取通知，进入了更有挑战的公关行业。

我还记得她刚来时的样子，一个非常可爱、略显圆润的女孩子。她曾经自嘲："当你是一个胖子时，你会发现，别人唯一能夸你的就是甜美可爱。这个词可能也是他们想破头才想出来的，哈哈。"几年后，我看到了她的显著变化：从工作上说，她干练、聪慧、创新能力强，从实习生一路做到了客户总监；从外形上说，她更是变化惊人，从圆润的可爱女生，变身成了有马甲线的"真女神"。

说起外形上的变化，起因是2013年，公司楼下的健身房新开业，她被同事怂恿办了张卡，没想到最后唯一坚持下来的只有她。我们都知道公关行业有多忙，但她就真的做到了每周训练六天不间断。她自己说："当你把健身纳入日常生活，你关注的就不会仅仅是每日的运动时间或行走的距离，而是会更加全方位地重新审视自己的起居作息。当你一直向着积极的方向进步时，你就不会想去中断它。你的健身计划会越来越清晰和具体，即便加班、出差或是休假，你都不会允许自己打破这个良性循环。"

有运动习惯的人都知道，自律意味着什么。要自律，就要不断克服懒惰，挑战弱点，突破自我，每天从汗水和酸痛中享受乐趣。我相信她收获得更多，尤其在我们看不到的那一面。她曾经坦白，有一段时间她失眠、焦虑，甚至不想上班，压力大到"要有一颗很大的心脏才能承受"。健身帮她迈过了这个门槛，平衡了工作上的压力，让她获得了一个健康快乐的"大心脏"。她的例子就验证了我在访谈中脱口而出的第一个观点：**身体健康很重要，要保护好你自己的硬件**。道理很简单吧？可惜就是常常被大家忽视。

做一个斜杠青年

保持职场核心竞争力，我的第二个观点就是要做斜杠青年。这个词来源于英文"Slash"，出自《纽约时报》专栏作家麦瑞克·阿尔伯撰写的图书《双重职业》，指的是那些不满足专一职业，选择拥有多重职业和身份，过着多元生活的人。这些人通常比较年轻，在自我介绍中会用"斜杠"来展示自己的不同部分，于是被称为"斜杠青年"。在纽约和洛杉矶，我就经常见到那些白天做保安、服务员，晚上却在搞艺术、搞摄影的年轻人。他们不仅有一份工作，还有着属于自己的兴趣爱好，不是沉沦于日常工作中，而是用多元身份追逐着梦想。

Gloria Cao 就是个好例子，你不会想到，她不只是拥有马甲线，还考下了健身教练的资格证书！除了是公关行业的客户总监，她的身份又增加了一条斜杠：健身教练。工作之余，Gloria Cao 每周至少教两次课，她说她并不在乎报酬，帮助学员成为满意的自己，才是她更在意的事。这个兴趣爱好反过来帮助了她的职业成长，"不管是做公关还是做健身教练，说白了都是在销售产品，做健身教练帮助我提升了跟客户沟通的技巧"。因为有方向又自信，客户更信赖她了。

除了工作、健身，她还爱好烘焙、画画，把生活过得多姿多彩。你看，并没有什么人力资源专家催促她"自我成长，自我学习"，她知道什么是高质量的生活状态，所以她把别人刷视频的时间积攒了下来，找到了真正有价值的东西。

这又贴合了我的第三个观点：学习能力不能来自职场逼迫，只能来自天生强烈的好奇心，以及对生活的热爱。我在朋友圈里发很多自己拍的 Vlog，有人说："这个新东西你也会玩？"那当然了！只是，想拍出有趣又好看的 Vlog 并不容易，我还在持续学习中。

放下焦虑,马上去做

最后一点,既然身在职场,就不要四处比较,比如哪家公司薪水更高、工作看起来更轻松,其实每个人展示出来的都是最光鲜的一面,背后都有一肚子苦衷。

你越是辗转反侧,思前想后,压力反而会越大。早早从白日梦里醒来,推开焦虑这块大石头,简单一些,去做、去试,时间自然会给你答案。

打破平庸状态要靠行动

可能是之前在《职来职往》节目做嘉宾留下的影响力,媒体和平台特别喜欢找我谈职场话题。在接受"脉脉"平台的邀请与网友沟通时,有人提了这么一个问题:"千篇一律的工作,会不会抹杀掉你万里挑一的有趣灵魂?"

结合自己的经历,我是这样回答的:真正拥有万里挑一的有趣灵魂的人,活得一定很真我,很精彩。比如,网上流传着很多我参加年会的照片,有人说太夸张,有人说惊艳,其实我只有一个单纯的心愿——就是要让大家开心。生活中也是如此,有很多人喜欢我,觉得跟我在一起特别有趣。但是合作过的人,关注的就不只是这些,因为他们知道,什么对我来说更重要——那就是工作。工作给我快乐，工作优先于一切。2000年我进入万博宣伟，和同事们一起书写了万博宣伟的成功故事，现在我作为中国区董事长，还在努力争取新业务，这对我而言很重要。如果你问我，这些年的工作艰辛吗？我的回答会是：肯定的！但是如果你热爱它，就一点不会感觉枯燥，只会让自己有趣的灵魂得到更多的滋养。

没想到，这个问题在网络上激起了很大的反响。对此，大家有不同的答案，比如：努力工作、体现价值、孝敬父母、养育儿女、回报社会，有幸福感的灵魂就有趣；"有趣的灵魂"取决于工资的高低；还有一条留言这样描述自己：一无是处的平庸，漫无边际的未来……这种很"丧"的言论好像也经常出现在我的耳边。所以，这次我想谈谈到底是什么让我"有趣"，以及什么会让生活变得无趣。

如何让自己变得有趣

首先要有健康的身体，这个答案你吃惊不吃惊？

我并不认为工资的高低能决定一个人有趣与否。相反，排在最前面的要素，我认为是健康的身体。有了好身体才有抗压的能力，你才会对身边的人和周围的事物保持热情。我发朋友圈都会带上标签，比如"对的事，天天做"就是健身内容的专门集锦,没想到感染了很多人。周边的人觉得你有趣、活得有滋味,一定是因为你在传播快乐积极的情绪。比如,你是不是也很喜欢运动员?这是因为运动会让人产生内啡肽——一种脑内分泌物,它会令人感觉快乐,所以运动员常常很快乐,也会把这种快乐传递给周围的人。

此外,还要有好奇心。我对新事物总是保持着好奇心,从玩QQ到玩博客,再到现在玩Vlog,我一直紧跟着最新的潮流。学习,分享,交流,这个过程本身就很有趣。我到世界各地出差,吃了什么好东西、看了什么好风景,就用Vlog分享给大家,展现生活妙趣横生的一面。

大家都说,在日积月累中,你所读过的书会慢慢在你的谈吐和面容上体现出来,它们会让你变得有趣。我热爱读书,会带着好奇心去阅读,甚至喜欢读调查数据。英国已故理论物理学家、宇宙学家及作家斯蒂芬·霍金的遗作《对大问题的简明回答》,充分满足了我的好奇心。这本书的内容涉及宇宙起源、黑洞、时间旅行、人工智能等,字里行间还洋溢着霍金独特的幽默感。虽然他没有健康的身体,但他还是那么有趣,这个特例也让我深思。

有些调查数据也特别有看头,作为男人,我们一般不会承认自己实际上比女性更在意外在形象,但据 Google AdWords 的分析:健身保养方面的网站有 42% 的访问量来自男性;减肥方面的网站有 33% 的访问量来自男性；整容手术方面的网站有 39% 的访问量来自男性；在所有与乳房相关的"如何"问题搜索中，有大约 20% 是问如何消除男性的乳房……阅读后再去跟朋友分享，丰富的谈资必定会让你成为最受欢迎、最有趣的座上客。

有趣的背后是行动

听说在上海举办的某个艺术展里，竟然有北野武的作品。他已经七十多岁了。除了是为人所熟知的电影导演，他还是剧场相声演员、踢踏舞舞者、电视谐星、节目主持人、作家、画家。他说不要过那种既沉闷又无聊的生活，要用多种多样的经历，努力将人生经营得更有趣一点。我特别理解他。

打破平庸状态，要靠行动。说到这里，我终于理解"台上几分钟，台下十年功"这句话了。在年会上给大家表演一个节目，不过是十几分钟的事，但为了给大家带来更多的惊喜，让节目成为一场真正的"秀"，我会列好计划，提前小半年开始排练，为了达到最好的效果，健身方面更是不会偷懒。看我表演节目，你会觉得，这件事好像很轻松呀！其实一点也不，有趣的背后是行动。

当然我们一定要区别开"平凡"跟"平庸"。很多人过着平凡的生活，拥有一颗平常心，在普通的工作岗位上兢兢业业、任劳任怨，他们是值得尊重的。而平庸，是没有追求、无所事事、碌碌无为、随波逐流，每天做同样的事，说同样的话，见同样的人，把一年过成一个月，把一个月过成一天，生活得没有个性，没有张力，没有特色。一定要警惕这种生活方式，平庸不仅让人变得无趣，甚至还是一种恶，会污染你那原本美丽的灵魂。

找到工作的意义

曾有一段时间,"996"工作制的话题受到了很多人的关注,听了某些知名企业家对这种工作制的拥护言论,我立即表示反对,同时对身边的年轻人做了一些调查。如我所料,没有一个年轻人同意这种工作方式。很快,官方媒体纷纷表态,央视在节目中指出,"996"的工作时长,不管是否有加班工资,都已经违反了劳动法;《人民日报》更定性,"996"不能与艰苦奋斗画等号,算是给这次风波画上了句号。

学会计算工作产出比

其实,不只是现在的互联网公司会"996",公关行业的每一位从业人员都经历过比"996"还强大的工作压力的洗礼。

2003年，在我接任万博宣伟北京分公司总经理的职位时，公司员工少，业绩还不行，我每天8点前就到办公室开始工作，直到夜里11点、12点才下班，有时饭都忘了吃。这样的工作强度确实带来了成果，当年业绩就提高了93%，但这只能是"要在短时间内攻克难关"才能采取的办法。隔年，公司就聘请了更多的资深人士来分担我的责任，直到今天万博宣伟也是提倡采取人性化的工作方式。

作为一个经历过高强度工作的管理者，我旗帜鲜明地反对"996"，最直接的一个原因就是：持续加班并不能跟高效率画等号。如果哪位求职者用工作时长来表明自己有多努力，我首先会在脑子里打个问号：他工作起来是不是有效率？能不能出创意？

黑洞的照片首次公开后，大家再次开始赞美爱因斯坦那超越世人的智慧。爱因斯坦就是一个不会"996"的人，工作间歇他会拉小提琴，享受美术、音乐、哲学，他的灵感多来自休息时间。再举一个互联网产业的例子，谷歌的产品经理向公众推荐一款叫 Live Transcribe 的新产品，旨在为听力障碍人士沟通提供帮助，这款产品能自动生成免费的字幕，这样造福人类的创新项目就诞生于它著名的20%规则：鼓励员工把20%的工作时间用于自己的奇思妙想。

我想请那些赞美"996"的企业家算算账：刨除工作时间、

通勤时间、吃饭睡觉时间，员工哪里还有属于自己的时间，怎么可能还会有精力和活力？有的人看似很努力却更失败，就是产出比出了问题，花费的大量时间也不能让他们变得更优秀，更别说留出时间思考、阅读、旅行和健身了。更让我担心的是，"工作996，生病ICU"这句话已经说明了问题，革命的本钱都没了，更谈不上效率了。

工作是为了更好的生活

曾有一句话说"努力奋斗赢得自己的幸福和成功"，直指青年人寻找幸福和成功的路径是努力奋斗，但是"996"这样高强度的工作，是否一定能带来幸福和成功，值得我们深思。

先举一个例子，我曾经遇到过一位从外地来北京打拼的年轻人。那时候他的工作是在羽毛球馆帮人捡球。他明白这吃的是拼体力的青春饭，想学点手艺，比如按摩，于是他就去学了。之后，他又想学更有技术性的手艺，比如化妆，我正好有人脉，就介绍他去李东田那里学造型设计，最后他学成了，成了影楼的造型师。你说在世人的眼里他算成功了吗？我认为算。他可能从来没想过股权激励、财务自由那些"成功"，但每一次起步，他都做好了本职工作，有自我提升的需求，找到机会就实践，打开心胸广交朋友，我也乐意帮助这样的青年走向成功。

他的例子反复提醒我，对成功的定义不能片面，我认为成功有五个维度，事业、财富只是其中五分之二，剩下的三项才是我更看重的：健康、人际关系和自我成长。我对健康的重视已经毋庸再提，让我每天拥有幸福感的方式就是阅读和健身，阅读让我思考、开阔眼界，健身让我精神饱满，抵抗各种工作压力。

拒绝了"996"之后，到哪里寻找成功和幸福？这就是我提出来的办法——健身、读书、交朋友（交朋友这么重要？有点吃惊是不是？）。关于"幸福从哪里来"，我有调查数据。你是不是以为拥有财富、名望和成就感的人最幸福？其实不是的。哈佛持续八十多年跟踪七百多人，探寻什么样的人最幸福，答案是：好的社会关系才能让我们过得开心、幸福（社会关系不单指同事，还有家人、伴侣，甚至包括旅途中向你微笑的陌生人）。"天下没有陌生人"一直是我的为人处世原则，前面举的例子也印证了好的社会关系还可以提高事业成功的概率。

真正意义上的良好社会关系从哪里来？一定不可能从刷手机、看视频、玩游戏中来。据说，这些短暂的快乐叫"垃圾快乐"，会让人沉迷，丧失自控能力。所以工作之余放下手机，把时间留给健身后的汗流浃背，留给真正的沟通和交流，留给真正的阅读和思考吧，你一定能找到成功和幸福。

维护性别平等的职场环境

你有没有留意过自己公司里男女员工的比例？在公关行业里，这个比例是3∶7，也就是男性占三成，女性占七成。这是因为我们这个行业毕竟属于文科专业，对外语水平要求高，而读新闻、营销专业的女性人数更多（其实我非常渴望增加男性从业者的数量）。有些领域男女比例更失调，能达到1∶9，比如客服九成都是女性，而程序员这份职业里占压倒性多数的是男性。大家都希望比例更均衡一些吧？有句老话说：男女搭配，干活不累。

值得称道的中国女性力量

前些日子我参加了一个品牌的活动,活动被命名为:"致敬职场女斗士"。这让我有机会好好思考了一下中国职场女性力量的崛起,我觉得相比亚洲其他国家和地区,中国在这方面做得最好,有很多大众耳熟能详的女企业家,比如董明珠、陶华碧等。她们创造了惊人的成绩,拥有巨大的影响力。但职业女性依旧很不容易。智联招聘发布的《2019中国职场女性现状调查报告》显示,男女职员的平均薪酬依然存在23%的差距,而且女性上升通道依然狭窄,在高层管理人员中,男性比例高达81.3%,女性仅有18.7%。我愿意尊称这些女性为"职场女斗士",因为她们在职场硝烟中厮杀,一些人不得不舍弃小家,顾全事业。

在万博宣伟,前中国区的总裁也是一位女性——李蕾。她有不同凡响的个人履历,小时候就跟随父母游历过南美洲,精通英语、西班牙语和葡萄牙语。进入职场二十年,她有丰富的国际营销经验和公关经验,为世界五百强客户以及大中型中国企业提供了各种形式的战略咨询服务,帮助客户在激烈的市场竞争中达到优势最大化。作为女性,她既有温情的一面,又彰显出理性的特质。协同工作时,我们能产生很多互补。她能坐上这个位子,完全是因为"没有谁比她更懂得中国市场,没有谁比她更合适这个位子"。相信你的身边,也会出现越来越多像她一样优秀的职业女性。你有压力了吗?该怎么应对?

做能"救火"的人

不得不说,有时就是因为女性之间相互的竞争,让她们在职场交锋中好像更有火药味。你是否注意到,有时女性之间难办的事,换成男性去办,一下子就顺畅起来。我就经常扮演这种"救火员",只要听说有"火情",比如客户那边的女性负责人跟我们公司的女员工有"摩擦",我就尽快出现在"第一现场",去了以后往往立竿见影。

我的总结是:女性的情感一般都比较细腻,只有多站在她们的角度想事情,多聆听,表现出善解人意的态度,才能赢得她们的认同。不要指手画脚,工作自然能开展。如果你有不少女性同事,想要调动起她们的工作积极性,就不能搞大男子主义那套,千万不要独断专行。

还有一种情况,就是你可能会在职场遇到特别喜欢利用"性别优势"的女性,她们会使用"女性魅力"谋求职业发展,有些男性会觉得愤愤不平。我倒是比较宽容,当然也有底线:每个人都会发挥自己的长处,弥补自己的短处,为自己创造机会,这是无可厚非的。我不能苟同的是,为了达到目的,无所不用其极，违背做人处世的底线，比如欺骗、入人于罪、贿赂……

做职场中性人

近几年，职场中"中性"岗位的比例在直线上升。之前被男性或女性垄断的职位，现在开始变得"去性别化"：男摄影师的身边开始出现女摄影师的身影，她们特有的细腻让作品呈现出不同的效果；文秘、客服、助理这些传统概念中女性担当较多的职业角色，现在也越来越多地出现男性身影……所以，我们不要被惯例局限住。

同时，作为职场人，你的性格也可以变得中性一些，这并不是让男人变"娘"，或者让女人变女汉子，而是去融合女性和男性的性格优点。比如像女性一样更敏感，更注重沟通能力和人际交往能力；像男性一样更注重大局，更大气，更有冲劲。具体操作上我有一些建议：在外形上，你要更注重细节，干净简洁、关注健康；与人沟通时，说话语气应该舒缓，体现出细腻的观察力、强大的沟通力和全面的思考能力。毕竟，美国心理学家贝姆研究后认为，女性品质中的彬彬有礼和注重形象的特点更适合商业氛围，更具有公关、沟通和推销等方面的优势。

最后，在致敬"职场女斗士"的同时，我也向回归家庭的男同胞致敬。智联招聘 CEO 郭盛给出了一个可喜的数据：相比 2018 年，2019 年夫妻双方投入家庭生活的时间差距从 15% 缩减到 7%，更多男性在回归家庭，这可以从根本上改善女性的发展环境。

打破你的思维习惯

前些日子我参加"一起大学"的直播课,讲演的题目是《一个网红 CEO 的自白》,分享自己二十多年来在工作和生活中的心得。我的心得其实很简单:健康,开心,做自己。追求健康,"对的事,天天做";做自己,"怕热就不要下厨房"——这两个原则很容易理解,至于"我为什么每天都很开心,并且对世界总有一种天然的热情",这个其实值得谈谈。

不要先入为主

先讲一个对我影响很深远的故事。

多年前,我还在台湾工作时,跟从一个很成功的领导做事,就任办公室主任的职务。第一次进办公室时,我的感觉是工作环境很杂乱,工作团队不太团结。这里的两个工作团队风格完全不同:一个团队里是背景普通,但很有亲和力、能跟陌生人快速建立联系的销售人员;另一个团队里则都是博士毕业的精英,整天在写深奥的报告和计划。两个团队谁也不服谁,一方说"论起业绩,都是我们完成的",另一方则说"你写个报告出来看看"。凭借自己在公关行业的经验,我认为这急需改善,于是向领导反馈,他听了频频点头。结果呢,工作了一段时间后我发现,办公室还是那么乱,两个团队也还是原来那个样子,但是都紧张忙碌地围绕着领导,大家可能互相不服气,但是都服从这位领导。事情根本没那么糟。

后来,办公室又来了一位公关专家给领导提建议,我发现他的建议跟我当初的完全一样。领导还是频频点头表示受教。我顿时明白,领导其实什么都懂,而他成功的原因就是:第一,对别人的意见表示尊重和赞赏;第二,他明白要成大事,身边必须有不同的人。如果只有一种类型的人围绕在身边,可能会失去很多机会。

这段经历对我影响很大,我意识到很多事不能单纯凭借直觉来判断。领导者要海纳百川,让身边有不同类型的人,尤其不能只选择自己主观上喜欢的员工，只朝着一个方向想问题。

保持包容和多元

再问一个问题："在演艺圈，谁是你心中的女神？"

我一直以为是某位大牌女明星，结果大学生和二十五至三十五岁的男性群体选出的心目中的"女神"竟然是风格不同的两个知名女明星。最初听到这个结果我相当吃惊，后来也就理解了，不同地区、不同年龄层之间的差别本来就很大。还有一个重要原因是，互联网时代的信息推送总是投你所好，你当然就更加相信自己的直觉是对的，相信你的"女神"一定是天下人的"女神"，如果听到不同的意见，难免会争吵一番。想明白这个问题后，即使我不太理解为何客户会选择某人作产品代言人，我也不会乱下定论，一定会亲自调查。如果发现自己的直觉有误，就会跟客户坦承：看来你们挑选代言人的眼光不错。

类似"女神"的调查其实发生在每一天。现在每个周末我都会坐高铁去一个陌生的城市，去跟不同的大学生谈话，就是想让自己能一直进步，保持包容和多元，听得进去不同的声音，不要只活在自己的圈子里，以为自己懂得足够多。

通过上面两个例子，我现在可以回答开头的那个问题了——我为什么每天都很开心，并且对世界总有一种天然的热情？这是因为，我万事不偏执，遇到跟自己观念相左的事，不强求一致；永远保持好奇心，不做"井底之蛙"。

我读到的一本好书，竟然印证了我的观念，更加开阔了我的思维，在这里郑重推荐给大家——《真确》。比尔·盖茨曾把这本书作为礼物推荐给全美大学毕业生，希望帮助年轻人克服直觉上的偏差，建立正确的世界观。最让我震惊的是这本书的作者（一位临床医师、数据学家、公共教育家，曾十次登上TED大会的讲台），他针对全球各地不同教育程度的人群，提出了关于气候、人口、儿童免疫、贫困状况、人均寿命等民生状况的十三道选择题，结果绝大多数人的答题正确率还不如大猩猩随机乱选的。我赶紧试了试，也让身边的人都做了题，结果确实如此。这在某种程度上说明我们的思维习惯真的出了问题，因此我们焦虑而悲观。

为什么你不开心？可能你有很多悲观的错觉，因此忧心忡忡，感到绝望，其实这是自寻烦恼，科技和全球化已经在让世界慢慢变得更好。

为什么总有很多坏消息？因为媒体偏好报道这些，大数据推送让你成天被这些包围。

为什么社交网络里总是观念对立，争吵个不停？这就跟卖座大片总是拍正义与邪恶的对立一样，冲突越激烈，得到的关注度越高。但是，真实世界并不是泾渭分明的两部分，走出去，多倾听，多参加真实的社交活动，你就会明白人们是可以互相包容的。

真的发生了很糟糕的事情怎么办？从新冠疫情这件事可以看到，这个世界已经变得公开透明了许多，对于困难者，会有更多的人伸出援手。

不要再被贩卖焦虑的那些东西困扰了，这世界本来还不错。

如何打破限制获得成长?
最重要的就是要有胆识,
跨出自己的舒适圈。

3

拥抱变化，
未知并不恐惧

重新学习,能让你的生活充满活力。

限制你成长的是已知的事情

警惕不存在的束缚

有一个故事大家也许听过：马戏团里表演的大象，都是从小就开始训练的。工作人员用绳子把小象拴在木桩上。由于小象力量小，经过很多次尝试都无法挣脱木桩。时间久了，被拴在木桩上的象知道自己无法挣脱，也就安分了。慢慢地，小象长大变成了大象，大象虽力大无穷，可以拖起很重的东西，表演结束后，却可以很安分地被绳子拴在木桩上。为什么呢？因为它根据从小的经验，认为木桩的力量比自己大，是可以拴住自己的东西，便不再试图挣脱。

不要陷入自我感动

最近认识了一个小伙，姑且称他为 A 吧！有一次，晚上有个聚会，我想带他去参加，他却说不行，说要早点回家睡觉，因为隔天早上要做"人肉闹钟"叫女朋友起床上班……我听了有些不以为然。

这件事里有几个点值得思考：按时起床这种事不是每个人都应该自己做到的吗？都是成年人了，不应该为自己的工作、休息负责吗？也许，他女朋友并没有这么要求，这只是小伙自认为的贴心举动。相信大多数女生也会被感动，但是她对男朋友的期望仅仅是人肉闹钟、早餐服务员或司机而已吗？是不是有更重要的事情是她期望看到的呢？比如说，做一个有责任感、有担当的男人，对职业生涯的发展、彼此的未来有明确的规划。也就是说，除了这些表面的"暖男"行为，作为一个男朋友，对自己和女方之间的关系是不是要有更深层次的想法呢？

投资更重要的事情

你会把钱投资在不断贬值的商品上吗？应该不会有人这么傻吧，为什么要把钱投资在注定贬值的东西上？可是我看身边几乎所有的年轻人都是这么做的！大家都把自己微薄的薪资拿来买车。众所周知,新车一落地价格就往下降大概20%,加上保养费、油费、保险费、停车费等,花费远远超过你打车、租车的费用,可见买车并不是一个合理的投资!车其实是代步工具,在公共运输系统没那么发达的地方,或许很需要,但是在北上广深这些一线城市,有地铁、公交车、出租车以及共享单车这些灵活的出行工具,又方便又环保,有些还能锻炼身体,有什么必要一定要在现阶段买车呢?如果只是为了跟别人攀比,为了面子,何必呢?想想看,如果用买车的钱去学一门技能,或者学一门语言充实自己,去旅行长长见识,甚至买好一点的礼物送给亲人、恋人、自己,你的人生是不是会更丰富、充满更多可能呢?人生要做的事情有很多,决定优先顺序很重要,年轻的时候,什么是对你最重要的?是有车或穿戴名牌的物质象征,还是一生受用无穷的知识与体验?

拔起限制你人生的木桩

对于许多人来说,那些长久以来形成的习惯、认知,都是限制自己行动的木桩。想想看,自己是不是常常说:我以前都是如何如何,以前试过了没用……其实,以前不成功也许有那时候的原因,现在去做可能就完全不同了!千万不要被"以前"绑住了!或许很多人会以过去的经验自我设限,借此来保护自己，比如恋爱中曾被"劈腿"，从此不相信爱情，当下一个有缘人出现时反而犹犹豫豫，错失得到真爱的可能。对此，蔡康永说过：这不是把自己的真心留给了辜负自己的人吗？对那个真心爱你的人是不是不公平呢？

生活就是这样，我们往往被一些习惯性的东西困扰，被眼前的"小木桩"迷惑，把自己束缚在无形玻璃般的固有思维里难以突破。正是这些"小木桩"、这些无形的"玻璃"使我们故步自封，使我们不敢大胆表明自己的观点，让我们在面对挫折时悲观逃避，产生"一朝被蛇咬，十年怕井绳"的消极心态。要知道，一个人想要获得成功，就必须大胆地拔起生活中的"小木桩"、打碎心中的"玻璃"，不断超越自己，如此方能跨入更广阔的崭新天地！

我发现年轻人会以过去的经验为准则，其实是因为对世界的了解不够。了解不够，才会画地自限。当你打开心胸，多看看这个世界，多尝试新的事物，你会发现接受新的观念并没有那么难，抛开条条框框后，你的空间会变得大很多！我到了这个年纪，还是对新事物充满好奇，想去了解、想去学习。因为我的感悟是，只要不封闭自己，不限制自己，人生，你想要它多宽广，它就能有多宽广！

人生很长，那些美好、有意思的事，值得你投入并慢慢了解。

人生同时也很短，不要在条条框框中浪费时间。

用积极的心态对抗人生的不愉快

死亡从来都是个严肃的话题，却又无法逃避。随着年纪越来越大，亲朋好友离世的也越来越多了。过年前，我得知一位跟我交情颇深的朋友因肝癌不幸去世，感到十分悲痛。更让周遭关心他的亲友们深感痛心的是，他从得知罹患肝癌到过世这两年，一直抱着厌世的负面心态。

回想曾经，他是一个对生活充满热情的人，穿衣精致、时尚又讲究，言谈风趣幽默，跟他聊天总是令人愉快。可自从他得知自己被诊断出肝癌后，精神状态就变得越来越差，像泄了气的皮球。原来我们经常约着出去旅游，从那之后他慢慢就不爱出门了，不再讲究衣着，连话也不怎么说了。他每天都沉浸在"我是不是快要死了"的绝望中,我跟朋友去探望他,他总是把"我要死了"挂在嘴边,不时唉声叹气,毫无生机。虽然他需要配合治疗,但其实仍有许多自由的空闲时间,身体条件也完全可以外出活动。作为朋友,看到他用这种自暴自弃的方式对待生活,我真的很难过。我也曾努力尝试帮他走出患病的阴霾,约他一起出游、外出吃饭,却没什么效果,毕竟他自己的态度才是关键。

通常,当不好的事情发生在我们身上时,作为"受害者",我们的心态会经历以下几个阶段:

怪罪他人→为自己找借口→发现无力改变→等待奇迹发生→承认现实→接受现实→找寻解决方案→努力改变现状。

很多人可以完整经历这些阶段,也有一些人会一直停留在"无法接受现实"的绝望中,既无法理性思考进而找到解决方案,也不会努力改变现状,致使生活难以重回正轨,这种感觉如同陷入了黑洞中无法自拔。因此我想在这里给大家分享一些我的观点,让大家可以更积极地去对待问题。

用好身体去对抗消极

我知道一直保持愉快的心情很难,因为情绪有时不受自我的控制。但我们可以去做一些能让自己恢复活力的事情,学会给自己创造正面的情绪。比如，适当做些运动。不管在哪种情况下，坚持运动的习惯都是有百益而无一害的。因为在运动过程中，身心会得到暂时的放松，同时，长期运动能有效增强自身免疫力，让身体健壮起来。而且运动产生的内啡肽会令人心情愉悦，使我们拥有更多正能量。下次情绪不稳定的时候，不妨去跑步健身，尽情挥洒汗水，把潜藏在心里的压力和消极情绪也一起发泄出来。

拥有一个健康的身体，才会更有精力去面对日后可能遭遇的挫折，避免被突如其来的意外所击垮。此外，培养良好的饮食和作息习惯也是维护身体健康的一种方式，按时、合理的饮食加上有规律的作息，能帮助你更好地对抗坏情绪，感知生活的美好。

态度改变命运

每个人心里都有一套自我保护机制，一旦有不好的事情发生，最先做出的反应往往是逃避，接着便开始埋怨他人或者责怪老天不公，同时奢望那些不好的事情会自己消失。可事实是：问题已经切实存在于你的生活中，并会慢慢演变成你心里的一个长期负担。

这时，我们能做的就是改变自己的心态，从另一个角度去看问题，通过理性的思考与判断，找到解决问题的方法。你会发现，这些问题其实没有那么可怕。比如，我那位患病的朋友可以把"我是不是快要死了"的想法，换成"我还可以做什么"，这样他反而会更加珍惜每一天的时间，努力实现自己未完成的愿望，让人生不留遗憾。一旦改变态度，积极面对生活，或许不能改变"罹患肝癌"这个事实，但剩下的生存时间却有可能变得更有品质、更快乐。我们都渴望有奇迹发生，但奇迹只存在于那些相信努力不会白费并且坚持努力的人身上。如果你一直处在一个充满负能量的环境中，好事必然是不会降临的。

你的态度决定你的行动

我们常说"久病床前无孝子"。事实是，如果家人、朋友能始终默默给你支持，一直投入时间和精力去帮助你，而你却深陷于负面情绪，无法回应大家的关心，无法振作起来，那么就难免让人失望。没有人愿意长期跟消极的人待在一起，如果你一直不改变，久而久之，就会把周遭亲友们的耐心消磨殆尽，这才是"久病床前无孝子"的真相。

战胜困难的有力武器是你的行动。如果我那位罹患重病的朋友生前更热爱生活、享受生活，有规律地去锻炼、去运动，和朋友一起出去旅行，去一些他梦想中的地方，那么他与身边的亲友就会有更正面的互动，这样的话，我相信他的生活质量会更好。人的一生，结局都是一样的，无人能幸免一死，但是过程却会大有不同，这完全取决于自己的态度与行动。

　　人生很短暂，是快乐的还是痛苦的，全看你用怎样的态度去面对人生中的种种问题。直面缠绕在你四周的负能量，努力摆脱它、战胜它，才能更好地享受每一天。你的态度与行动会决定你的命运，用一颗乐观积极的心去迎接生活才能收获美好的明天。

人生不需要仰望，把羡慕留给自己

每当看到朋友圈里别人晒出的各种照片，我们就会开始不由自主地羡慕：羡慕别人去了想去的远方，羡慕别人拥有体贴的爱人，羡慕别人不仅工作条件优越还能升职加薪……我们总觉得别人的生活更好，而自己的人生却如此艰难。每天苦哈哈地加班，得到的却比想象中少；日日在努力拼搏，却看不到希望，反而感觉离理想的生活越来越远。长此以往，只会逐渐导致对自己、对生活丧失信心，最后感到绝望。

你需要适时调整自己的心态。你总去看别人的长处，仰望别人的幸福，低头却只能看见自己的短处与辛酸，但其实你看见的并不是别人的全部。

这个世界上没有不劳而获这回事

我常常会听身边的朋友说，羡慕明星多彩多姿的生活，也想成为明星。因为在大家看来，明星们的工作似乎就是拍戏、上节目接受采访而已，看上去很轻松。我认识不少明星朋友，发现他们的生活中，其实更多的是我们没有看到的辛苦。有一次我受邀客串一部电影，才真正感受到拍戏的艰辛。当时是高温天气，服装是剧组提前分配好的，不能随意更换，分配给我的是那种从头包到脚的衣服，刚穿上的一瞬间，我就难受得不得了，因为实在太热了。本以为是客串，戏份也不多，应该很快就会结束，但为了给观众呈现出更好的画面，我穿着厚重的衣服拍了整整一天。可想而知，正式演员会有多辛苦，如果你拍过一两次，就会觉得那真是非常人所能完成的工作。此外，你想过没有，有多少明星走红之前跑了很久龙套、做了很久配角，慢慢磨炼演技，最后才成为今日的巨星？

处在什么高度，就要承担什么样的压力。我认识的明星朋友对自己都有很高的期许，比如：我去年演了个大受欢迎的角色，今年是不是要超越去年？或者，怎样才能有所突破？为了上镜，他们需要保持好看的身材与脸型，不敢吃肥腻的、油炸的、甜的食物。任何你看到的毫不费力，背后都是不为人知的加倍努力。

这个世界上没有不劳而获这回事，也没有一种成功是轻易获得的。我们只看片面报道的话，会觉得这些事似乎轻易就能做到，别人轻轻松松就成功了。只在远处看，当然只能看到别人的成就，永远看不到他们的辛勤付出。

学会知足，做到心安理得

看到别人的生活后，我们之所以会感到沮丧或绝望，多半是内心的贪欲造成的。贪欲经常带来挫败感、失望感和负重感，迫使我们不得不承认自己无能或无知，无法轻易得到那些耀眼的东西，进而产生负面情绪，包括对自己的厌恶。但是消极地羡慕他人、可怜自己，只会使生活陷入恶性循环。

我出差可能会坐公务舱，住好一点的酒店。我的朋友在创业阶段，为了节省公司开支，可能会去坐经济舱，住的酒店也没那么好，这时他可能会羡慕我有更好的待遇。可是，等到他的事业步入正轨后，他可能会赚得比我多得多。那时我会羡慕他吗？不，我不会。我是个比较知足的人，我珍惜我所得到的，也心安理得地接受自己目前所拥有的。有句俗语说"吃着碗里看着锅里"，是形容贪心不足。我们不能太贪心，不能一边享受着当下的美好生活，一边又奢望拥有他人的生活。

经历过，才会有所获

不少人都羡慕事业成功的企业家，可是他们在成功之前所经历的痛苦和压力，你未必能够承受。他们可能四处受人白眼，也经历过多次创业失败，但正是因为他们经历过这一道道坎，才会得到如今的成功。

我们常常会羡慕那些衣食无忧的人，羡慕他们的父母会给他们买房子，而自己却需要拼命努力，即使这样，可能还是无法过上他们那样的生活。但你不知道的是，因为家境优越，他们得到了富裕的生活，却也失去了自主选择的权利，他们需要听从父母的安排。毕竟他们目前拥有的很多东西都不是靠自己获得的，所以势必要对父母妥协，不论是在选择工作上，还是在选择伴侣上。他们很难去做自己想做的事，甚至如果不够"听话"，又没有对家里做出任何贡献，还有可能会被家人恶语相向。这时，他们会更羡慕你的生活，羡慕你经济独立，羡慕你可以自由支配自己的人生。当你感叹自己的悲惨时，不妨想想，自己或许也是他人羡慕的对象。

每个人都不该做别人光芒的仰望者，一切幸福都是自己努力的成果。生活没有好与不好，只看你自己如何看待。不要一味奢求自己得不到的东西，那样不会快乐，只会陷入消极的负面情绪中。努力用心感受自己拥有的，好好珍惜，做一个知足常乐的人吧！

自信是自己相信自己

现今社会竞争日益激烈，人们的压力也越来越大，会因为各种问题导致自信心日益低落。上一秒可能还觉得自己英勇无比，自恋到了极致；下一秒就有可能因为被领导一顿指责，自信消失殆尽。总觉得自己这也不行，那也不行，任务来临时总害怕会失败，不敢鼓起勇气去尝试……你是这样的人吗？

在这里，我想与你们分享一些我的观点，或许可以增强你的自信心。要知道，自信的人总会带着一种莫名的气场，释放出无限的正能量，足以感染身边的人。愿你们都成为这样的人。

自信的前提：勇敢去做，放下顾虑

当一份未知的任务摆在我们面前时，我们的第一反应通常是害怕与犹豫。因为没有接触过，不知道怎么做，也不知道能不能做好。就比如我，现在好像很擅长公众演讲，每一次演讲效果都还不错，观众都觉得生动、欢乐、感染力强，而且能学到很多东西，但我人生中的第一次演讲失败了。那是小学三四年级时参加的学校比赛，我记得当时我准备得很充分，演讲稿背得烂熟，结果由于太紧张，一上台就忘词了，只能草草结束，灰头土脸地下台了。对那时的我来说，这可是个不小的打击。但我并没有因此而灰心，相反，之后的每场演讲我都准备得更用心，大胆去表现。现如今我每年都在十几二十所大学进行校园演讲，每场都能获得满堂彩。我还曾获邀在 TEDx Sanlitun 上进行演讲。

我想告诉你们，对未来不要想得太多，**把握眼前最重要**。我现在是万博宣伟的中国区董事长，但在刚开始工作的时候，我会想到有一天能做到这个位置吗？从来没想过。没人能预测未来，但我们可以去选择自己认为正确的方向，低下头来慢慢做，做着做着可能就成功了。如果你做过的事情都是对的，自然就会朝好的方向前进，也必然会得到一个好结果。或许过程中会走弯路，但只要及时发现，一点点改进，事情还是会朝着光明迈进的。

我们的一生中，除了生死无大事，其他许多事情都是有机会重来或逆转的。要坚信自己有面对失败、扭转局面的能力。参加美国总统竞选时，希拉里·克林顿曾说："我想我比任何人都知道该如何竞选总统，而我也志在必得。"可惜最后她还是落败了。总统大选的失利绝对是个"重大失败"，在这样的失败面前，我们在生活中承受的挫折完全不值一提。因此我想鼓励大家放下那些限制自己的顾虑，把握当下，勇敢地去尝试。

让学习成为自信的助力

现代社会发展很快，不多获取新信息，怎么跟得上时代？尤其要拥有随时随地不断学习的能力。我一直觉得做人切忌自满。我喜欢一直往前走，通过学习与结交新朋友去吸收新知识。

我刚工作时，需要帮领导回复英文信件。那时候公司有专门的部门去做这件事，但领导觉得我写得好，很多信就都会请我帮忙写。也许是因为我会从对方的来信中学习他们的词汇、语法并学以致用，跟原来按照范例书写的回信相比，我的信显得新颖生动、与时俱进。就这样领导越来越认可我、喜欢我，进而将更多工作交给我，我自然也更加自信。

每个人身上都存在不足和缺点，我们很难做到样样精通。但如果拥有强大的学习能力，就算只是跟人日常相处，也能从对方的言谈举止中受益良多。我遇到过许多成功人士，发现他们都有一个共同点：以开放的心态去学习，不懂就问，积极去学，从不在意他人的眼光。我认为这也是提高自信的方式。如果你能在任何时候都保持学习的进取心，那么即使是在挫折中也同样会有收获。之后再将这些收获慢慢变成自己的东西，去充实自我，如此就能一直进步，并逐步提高自身的素质，培养出自己的气场，日后转化成自信的资本。

自信源自充足的准备

我认为自信的建立是一个长期积累的过程。只有准备充分，才能确保成功，而成功则能增强我们的自信心。我原来在华航工作时是危机小组的一员，因为表现突出，被一家美国公关公司挖到他们台湾的分公司担任经理一职。没想到，才去新公司一个星期，我就遇到了一个大挑战：要跟一位美国客户做全英文汇报。这让我感到压力很大，我从未做过这项工作，英文也不是我的母语，全英文汇报对我来说难度很大。不过那一刻我并不害怕，只是一心想拼尽全力做到最好。

三十分钟的汇报，为了做到万无一失，除了认真准备内容，我还与同事一起反复"实战演练"，确保内容记得滚瓜烂熟，将一切可能性都考虑清楚。当天汇报圆满结束，还获得了客户的极力肯定，说："我跟你们亚太区这么多市场的同事合作过，刘希平做的汇报是我见过做得最好的。"

由此可见，凡事一定要做好充足准备。另外，任何准备工作都具有时效性。我们要在规定的时间内完成准备工作，不然，之后就算准备得再完善，错过了重要的时间点，也是无用功。

想要有自信，除了外界的肯定给予的信心，最重要的莫过于自身的积累与成长。在人生路上去经历、去收获，一路学习，用万全的准备迎接每一个未知。你的自信最终是靠一步一个脚印，一点一滴的努力得来的。

从想到做,行动才是硬道理

我喜欢去大学里演讲,也喜欢跟年轻人面对面交谈。在问答过程中,我发现了很多有趣的现象,比如:为什么越是教育背景不错的人,面对人生选择考虑得越多,越没有行动力,很多本该落到自己手上的"馅饼",却被别人抢走了?

最近我和两个年轻人各有过一次交谈,他们的经历很有启发性。

为自己制定可行的目标

大潘(朋友对他的昵称)有一头粉色的头发,站在夜店最高处的 DJ 台上特别抢眼。"站在最高点"一直是他的梦想，而实现了梦想的他，看起来格外有自信。没想到的是，他竟然是体育大学大四的学生，而且还是练跆拳道的。他曾经是职业运动员，还拿到过全国和国际级别的冠军。当别的同学都在考虑毕业后开跆拳道道馆或者授课教学的时候，他已早早成了一个 DJ，这才只是他目前的状态，他还在为几年后的新目标蓄势。

我问他：到底是什么促使你做出改变的？怎么确定自己的选择是对的呢？他说，促成改变的冲动可能是爱上一件事吧。其实很多人都爱音乐，他早早就揣摩出了音乐律动跟体育训练的关系——"调动自己的身体和情绪，音乐起了很大的作用"。接着，他就想用自己的音乐来调动别人的情绪。第一步是播放别人的音乐，那就做 DJ 吧！他没有真正意义上的老师，爱上了就去看视频、看演出，甚至还去偷师。有整一年时间，他去酒吧只点一杯酒，然后站在离驻场 DJ 最近的地方，看人家怎么打碟。接下来，该怎么创造正式登台表演的机会呢？他就挨家夜店去面试，主动寻找机会。你知道吗，为了练胆量，他甚至去北京后海街头荷花市场表演 BeatBox（节奏口技），第一次表演时保安还来轰他，知道他不是收费卖艺那种，就也不再干涉了。他就是要听到观众的掌声，得到掌声的那个时刻，他就知道自己的选择是对的。第二步，他想学着做自己的音乐。怎么验证自己是对的呢？那就是去真正的音乐节上表演。他也做到了。除此之外，大潘的动手能力也超强，他热爱DIY，甚至制作出了四套钢铁侠的装备，做好以后很痛快地都送给了朋友。

"如果重新来过，你会做什么改变？"每次我们痛惜机会流失时，总爱说这样的话，但是在大潘这里，这基本上不是问题。他说："爱上一件事就要全神贯注做到底，直到满意为止，满意了，可以再换一个阵地重新开始。"比如他给自己留了三年时间做职业DJ，如果到时候没有达成自己的梦想，他就计划痛快地去公司应聘做策划，之前还在校园时他就特别擅长活动策划。人生有很多站点，他每一站都开足马力，而且不沉溺其中，这样的人，你说他是不是能抢到各种"馅饼"？

抓住机会不放弃

阿文的身高达到了一米九，如果他正常上高中的话，肯定会入选校队打篮球，甚至可能会被大学特招，这样一步一步走下去。可是，当年他被父母说服，要去掌握一个技能，就去了技校学习，毕业后成了职业电工。当然，他不喜欢由别人来决定自己的生活。于是工作一年后就去拜师学文身，他想用自己的技能说服老一辈人：文身是一种有个性的表达方式，文身不一定就是"学坏"。

可惜，学习文身并不顺利，因为美术基础不够，他遇到了"瓶颈"。之后，他放弃了文身学习，进入了夜店，成为气氛组的成员，现在他是一个MC（MC是Micphone Controller的简称，他们以说唱形式进行主持，带动现场气氛）。这个职业首先要求你是电音爱好者，之后要求你能领会节奏，可以领舞，可以随着DJ的播放调动场内的情绪。阿文2012年第一次接触电音，他说"当时感觉整个人都炸了"。从河北老家到北京，从成员之一到组长，在几个关键时刻，当别的孩子都想随大溜时，他都挺身站出来自己做决定，抓住机会不放弃。

我也问他：哪些困难特别有挑战？哪些挑战特别能带来成就感？他说因为英文不够好，他要特意记住麦词，校准发音，保证自己不喊错。特别有成就感的是DJ对他这个MC的认可，比如阿文十分难忘的一次经历是现场DJ把话筒递到他跟前，那时他还只敢在场下喊麦。"一个好的MC可以救全场"，这是他努力的方向。就算没有傲人的学历，他也已经能在北京很好地生存、养活自己了。

这两个年轻朋友的经历都特别触动我，甚至他们开玩笑提到的一句话"什么清华北大，不如自己胆子大"，都让我觉得很有道理。要有胆识去追逐梦想，想得越多，路子越多，更要想尽一切办法去创造实现梦想的机会。行动才是硬道理。这也是我在《职来职往》里当嘉宾时多次讲给年轻人听的。

1. 要为自己设立一个可行的目标；
2. 到了某个阶段要跟自己"干一杯"，以示激励；
3. 要坚持，不轻易善罢甘休。

简言之，要主动争取你的"馅饼"。

勇敢跨出舒适圈

有一次我在广州出差时，和一个95后的年轻人一起吃饭，他迟到了。

当他终于出现时，我发现他的精神状态很不好，相当疲惫，就问他是不是最近过得不太好。他有些吃惊地问："你怎么知道的？"我说："看你的朋友圈啊，平日发的都是压力好大、郁郁不得志之类的牢骚话。"他承认了，接着又解释为什么迟到，原来是因为当天销售业绩没有完成，被罚做一百五十个俯卧撑，而这份新工作，至今他还没拿到过薪水，果然听起来很惨。

已知的事和熟悉的环境

说起来,我不但认识这个年轻人,还认识他的师哥,他们都是有志于从事健身行业的人。当年他的师哥只是听我说"北京、上海有更好的机会,过来以后如果一开始没地方安顿,可以先来找我",就真的义无反顾来北京了。现在不能说他已经"暴富",但他在按照自己的计划前进,而且,依旧胆子那么大。我约他一起去泰国旅游,因有事不能同机前往,而他英文不行,我给他写下落地签证的资料怎么写,他就真的平安抵达了普吉岛的机场,途中还用蹩脚的英文跟邻座的外国人进行交流。这么看来,他有很强的观察能力和生存能力。

据我所知,这位师弟刚毕业不久,找了份在健身房的工作,因为健身房在重新装潢,所以现在他每天的工作就是推销健身卡,他觉得这根本谈不上事业有发展。我马上规劝他,应该像他的师哥一样离开这里,到更有规模、更正规的健身机构去工作。他嘀咕"应该没什么不同"。我还把他师哥去泰国的经历说出来,他又不以为然地说:"现在都有翻译软件,没什么大不了的……"最后我力劝他出来见识一下,如果没地方安顿可以来找我,能提供的帮助我都会提供给他。他想了想,还是担心到了北京生活压力太大。我反问:"你会饿死吗?我看人家送外卖都能靠努力挣一份不错的薪水。"话都讲得透透的了,最后他说:"你讲得挺有道理,我回去想想。"之后也没见他有什么行动。

到底是什么让师哥和师弟如此不同,这个问题我想了很久。有人总结道:"限制你发展的,往往不是智商和学历,而是你所处的生活圈及工作圈,身边的人很重要。所谓的'贵人',并不是直接给你带来利益的人,而是开拓你的眼界,纠正你的格局,给你正能量的人。"我深以为然,如果你坚持认为外面的世界也不过如此,必然沉溺在熟悉的环境里,加上没有"贵人"点拨,那确实无从谈什么发展。

我是如何跨出舒适圈的

我在鼓励年轻人的时候,忍不住回想自己当年。我二十几岁在华航做地勤时,看到乘坐商务舱的客人,心里满是羡慕,如今我成了乘坐商务舱的人,中间经历了什么?

当有机会报考机师的时候,我果断放弃了已经做得不错的地勤工作(最终因为回答问题太老实而失去了板上钉钉的晋升机会);当有机会发挥英文专长时,我果断离开了熟人朋友众多的华航,进入了公关行业;当在台湾的公关公司工作取得不错成绩后,我又果断离开了可以继续舒舒服服待着的公司,决定去北京，见识一下亚太区的未来核心所在。当时身边的朋友们都惊呆了，问我："你在台湾现在发展得不错，为什么要去一个完全陌生的环境？"我说："对未知的世界总要有第一手经验才行，最坏的结果也大不了是回台湾而已。"

一句话总结我 1999 年年初来北京的状态——单枪匹马、人生地不熟。站在中国大饭店楼上，远望出去周围还是一片荒地；生活不便利，没有像台湾一样遍地开花的便利店；下班经过一个小饭馆，见招牌上写着牛肉面，我以为是家乡那种炖上一天、有浓郁汤汁的牛肉面，没想到端出来的是上面撒着几片熟食肉片的面条；工作中需要的资料，同事们还没搞懂我要的到底是什么；工作强度大到何止"996"，节假日也不休息；以前的好朋友们都不在身边，只有跟同事和工作中遇到的人慢慢开始交朋友。听起来好像很难吧，而且那时我也不再年轻，在这个年纪放弃以前打拼出来的基础，比二十几岁的年轻人放弃一份工作，要冒更大的风险。

再用一句话总结我的现在——见识世界、心怀感激。我认识了那么多的艺人、奥运冠军、企业家，面对面接触了很多跨国公司的 CEO，如果当年留在台湾，这根本是无法想象的。这一切都远远超越了当初"我也要坐上商务舱"那个小小的梦想。

到底如何打破限制获得成长？我觉得最重要的就是要有胆

识，跨出自己的舒适圈，扩大视野、结识"贵人"，这样发展的机会就多了。试一试，见识一下外面的世界，吃点苦（被罚做俯卧撑可不是吃苦和磨炼意志，那只是一种伤害人自尊心的惩罚）。你失去不了什么，但有可能获得未来。

学会与不确定性相处

回首 2020 年，不得不说疫情改变了我们的生活。从积极方面讲，大家养成了戴口罩、勤洗手这样的卫生习惯，也更重视健康了，健康比所有的财富更珍贵。社会经济方面，国家聚焦"国内大循环"的新发展格局，这将会孕育出经济体系和产业体系的巨大变化，很令人期待。在我的个人社交生活方面，有些老朋友搬离北京留在了别的城市，比如我的好朋友林丹退役后长住厦门了，这挺令我怅惘的。

公关行业赋予了我敏感性，我总是能很快地关注到事物的变化。在此，我想谈谈自己观察到的变化以及如何迎接变化的一些想法。

到生机勃勃的南方去

2020年年初时我还以为今年的生活肯定还是老样子，出差，演讲，到国外旅行。结果意想不到的疫情，让我有机会用"一周末一城市"的国内旅行方式，发现了很多南方城市的活力和魅力。在那些城市里，年轻人的消费能力不容小觑。

第一财经商业数据中心（CBNData）联合天猫发布的《城市商业创新力——2020新国货之城报告》，公布了"2020新国货之城"榜单：上海、广州、深圳、北京、杭州成为综合排名TOP5。你看，排在前面的大部分都是南方城市，这个结论跟我的观察结果完全一致。年轻人正在掀起新消费的时代浪潮，90后、95后成为主力人群，销售额增速是80后的2.8倍和6.9倍。未来国家将聚焦"国内大循环"的新发展格局，国货的崛起是必然趋势，而国货力量又与城市文明程度相辅相成。上海的新锐品牌总销售额位居第一，整个城市凭借一己之力就贡献了全国近六分之一的新锐品牌销售额。

当我游览合肥、南宁时，漫步在"越夜越美丽"的夜市，发现它们的繁荣让人沉醉。"新零售之都"合肥2019年的GDP达到了9409.4亿元，居安徽全省第一，比2018年增加了1586.49亿元，逼近万亿俱乐部的关口。这座城市吸引了永辉、苏宁等几家零售行业的龙头老大，齐聚一堂召开了首次全国零售业创新发展大会。想在零售业创业、在直播领域施展拳脚的年轻人，不要错过合肥这个"中部深圳"的腾飞机会。

还有深圳，连我都想投身到这座充满活力的城市，打造自己的新人脉。

走，要有好心态；留，要有好本领

既然打算走出去迎接改变，怀有什么心态就很重要了。疫情发生之后，"逃离北上广"这个话题常常出现。一些朋友在这些大城市没找到机会，换到另一个城市闯荡，对理想和现实之间的差距感到悲凉。我觉得应对"独在异乡为异客"的凄凉感，你需要换种心态——"走到哪里，哪里就是你的家"。

可能因为比较早就离开了故乡，我不恋家，在陌生环境中比较容易放松，到任何城市都能融入。二十多年前初来北京时，适应不良，连一碗吃着舒服的牛肉面也找不到，我当时想的就是努力工作，让一切都步入正轨，不要自艾自怜，尽快交到朋友，有了朋友，再冰冷的城市都能让你感觉到温度。

留在故乡也没什么不好，**重要的是找到自己的定位**。有些朋友隔离期间离开了北京，感觉家乡的生活更好，就留了下来。他们的特点是拥有一身好本领，比如直播行业创造了新业态之后，很多人感觉完全没必要滞留在大城市，回到故乡也能一展身手。外人觉得他们是名人，有本事，其实普通人也能找到自己的特长，找到自己的兴趣点。成功有很多不同的渠道，活得好的方式，也很不一样。找到自己的方式，就能拥有美好的生活。

与不确定性共处的原则

1.该来的必定会来，放松下来，不要太消极，也不要成天紧绷着。

不要怕被骗，宁可多相信别人，像我前文所写：这世界本来还不错。

2.应对变革，你必须有个健康的身体作本钱。

听说体育被纳入了高考，近二十所高校明确规定，如果体测成绩不达标将不予录取。很多人对这些措施有抵触，觉得用高考来压青年人，会让体育锻炼变得有功利性。但我觉得这总归是一件好事，希望大家从年轻时就培养起运动的习惯。

3.多学一些技能。

我认识一个英语老师，他因为爱好摄影，一直努力研修这方面的技能，加上他本身气质的滋养，经过几年努力，成了大片摄影师,给很多知名大刊拍封面,自己成了摄影圈的KOL。

4.天下没有陌生人。

前些日子我走在无锡的小娄巷,跟当地人熟络地打招呼时,一起来游玩的外地朋友惊呆了,说:"你怎么连无锡都能碰到熟人?"何止是熟人?我入住的无锡的酒店,上上下下的工作人员都认识我,会跟我打招呼、嘘寒问暖,对我甚至有"家人"的感觉。现在我几乎成了无锡的"旅游大使":在无锡去哪家面店吃面又美味又实惠,去看什么古迹,去哪个发廊剪头发,我都知道。

保持学习的状态

最近我发现自己也进入了一股风潮中,那就是学习的风潮。这种学习不是为了应付考试,也不是为了掌握做PPT等职场技能,而是一种遗憾的补偿。我在最好的年纪没有找到学习带来的乐趣,现在要补偿回来。

任何时候开始都不晚

我听说有人听了很久巴赫著名的大提琴组曲,突然有一天决定自己也要学拉大提琴,于是开始买琴,开始出去上课学琴。跟我们以前见到小朋友被家长逼着去学琴,一边哭一边练习的情景不同，他每天下班回来后练习两小时，既减压又快乐，甚至朋友喊他聚会，他都能推就推。

虽然目前没有学琴、学画画这类渴望，但我也有类似的瞬间。有一天，我正在打羽毛球，突然想到，自己打球有一定基础，又耳濡目染冠军球员们打球的风采，为什么不好好学学打羽毛球呢？首先进行自我分析：平时总健身，有身体素质做基础，高远球和吊球都能处理，只是反手不够好，步伐不够好，导致打球时移动的速度不够快，不能准确到位，影响发力。知道弱点还不专门学习和训练，那就永远不可能提高。所以我计划专门请教练来教我，把羽毛球打得更专业一些，相信那时候再跟专业球员切磋，一定更有乐趣，冠军朋友们也会对我另眼看待。

在这里，我倡议大家早些发现那些被自己荒废的兴趣，任何时间重新开始都不晚，连退休大爷们都能拿健身冠军，你就更没资格只谈后悔和遗憾。重新学习，能让你的生活充满活力。

通过学习丰富自己

我曾在专栏里写过，我特意去上海学"教练的艺术与科学"这门课程，目前已经学到第三个模块了。对此有些感想：

学员们都有很好的职业和社会地位，其中女学员占了绝大多数。大家都试图通过学习来解决职场人士在核心价值观、身份、愿景层面的各种问题。这次学习的核心在精神方面，主要处理意图、身体和情感之间的关系。我没想到的是，那些看起来如此成功、充满自信的学员，其实也面对着很多外人意想不到的问题，成年人的世界远非那么完美。比如跟家人的关系如何"破冰"，女性在职场上被忽视该怎么应对等。可能是我更年长一些，社会经验丰富，或者天性乐观随和，找我做一对一训练的人很多，而我又能从一开始就凭着直觉意识到他们的问题所在。年轻时我们急着往前冲，直到中年，才会感悟很多东西没有好好学。你敢说自己会谈恋爱吗？回忆小时候，先是家长不让早恋，长大后猝不及防就被催婚，对"如何保持亲密关系"，大家根本没有学习机会，才导致如今产生很多困惑。我衷心希望这次学习能让大家找到问题的答案。

我学了这门课程后也有很多改变，能客观地看待周遭，不那么主观了，同时在精神层面也有很大收获。这些年，从世俗的层面上，我一直对生活感觉很满足、很快乐。如今在想，从精神层面上，我要如何影响周围人，为这个世界留下点什么，传承些什么？于是通过专业团队的帮助，每次到上海，我都会特意抽出两小时就社交、职场、朋友圈等话题录制视频，以采访问答的形式说出我的经验之谈。近期谈过的话题五花八门，包括："领导喜欢能言善道的人吗""怎么扩大自己的朋友圈""努力的人运气都不错""开心才会笑，还是笑才会开心""你喜欢什么星座的小哥哥小姐姐"等，涉猎广泛。做这件事的意义在于，也许我的某句话就能影响、帮助某个人，让他的人生向着更好的方向转变。这些剪辑之后分段播出的短视频让我在社交媒体上快速聚集了很多粉丝。之前有一次我谈了对上海这座城市的看法，引来了很多评论，大家各抒己见，其中很多有价值的评论，我都仔细阅读、认真思考，其实这也是再学习的过程。

总结一下，当学习真的是为了自己好时，我们就不会有被逼着学习的烦恼，反而能找到温暖的港湾。

现在我来问你，如果有机会，你想学些什么？这里有一些征集到的答案，我列出来给大家拓展思路。

才艺方面：

学钢琴，希望退休时可以成为一个会弹钢琴的老奶奶；

学服装设计，主宰自己的着装风格；

学木工、焊工，为家人亲手定制物品；

学中医，用十年时间为亲朋好友和有缘人解除病痛。

拓展知识方面：

学动植物学和博物学，真正了解这个世界，而不是出去旅行时只能说一句"啊，这里好美"，却叫不出任何一种植物的名字；

　　学一门小语种，比如法语、西班牙语或者古老的拉丁语；

　　重学物理和高等数学，看看这几门功课还能不能难倒我；

　　学演讲、学逻辑学，不被嘈杂的世界带着走，还能向人们发声；

　　学时间管理，不让生命白白流失……

教养，是你最好看的门面

每到国庆长假，大众就发挥强大的旅游实力，大举出发去往世界各地。有些旧闻又被炒出来，尤其是一些中国游客在国外的不文明行为，不断提醒我们文明的重要。我想谈谈这个话题。

随着中国国力的强盛，国民经济实力大大提升，走遍世界各地，都能见到中国游客。然而，还是有少数人给人感觉素质不高。每次看到这类新闻，我总觉得很惋惜，大家还是应该多注意自己的言行举止。

我常常旅游、出差，周游世界各地，无论国内国外，我总会受到友善的对待，也因此结交了许多朋友。除了性格原因，我想也许是自己比较注重礼节的缘故，因为如果你是一个有礼貌的人，别人会发自内心地尊敬你，你也会受到礼遇。

什么是教养呢？教养指的是人从小就应该习得的一种规矩，待人、接物、处世时的一种敬重得宜的态度。从小的教育，尤其是家庭教育，是培养孩子良好习惯的关键。《三字经》开篇就再三提到家庭教育的重要性。

我一直认为，家庭对一个人的影响是最大的，从出生开始，父母及其他长辈如何教导小孩，会决定他未来成为什么样的人。如果从婴儿时期起，父母就轻声细语、温柔地对孩子循循善诱，有很大概率他会成为一个温和有礼的人。我常常看到有些家长抱着婴儿却扯着嗓子大声说话，试想，那么小的孩子长期在高分贝的环境下生活，他以后自然也是扯着嗓子说话。我认为**教养的第一点就是用合适的音量说话**，这样即使你说的内容不是很有趣，至少不会让人厌烦。

其次就是举止合宜。什么是"合宜"呢？就是不造成别人的困扰，不会打搅到别人，要考虑到别人的感受。日本人非常注重礼节，他们从小就养成了"不要给别人造成困扰"的意识。东京的人口密度很高，如果没有礼节的约束，人与人之间很容易起冲突，打破社会秩序。我想这是可以借鉴的。每个人都从自身做起，注重礼貌，在意别人的感受，尊重不同的想法，营造一个和谐的社会，这样不是很好吗？

在举止方面还有一个比较普遍的现象值得探究，就是一些人吃东西时会发出声音。我常常吃惊于在餐厅用餐时听到的各种咀嚼、下咽的声音，不仅影响到别人，也让自己显得缺乏素养。

最后也是最重要的一点，就是要改变观念。中国人比较爱面子，对于熟人的看法很在意，在陌生环境中、陌生人面前就觉得无所谓。在外旅游时，有些人觉得反正不会再来这里，就算给别人留下什么坏印象也无所谓。正是因为很多人都这么想，中国游客才会被贴上了"素质差"的标签。长此以往，别人眼里便有了先入为主的印象。下次无论在哪里，得知你是中国人的那一刻，别人就认定了你"素质差"。

文明真的不能只靠喊口号，需要每个人都从自身做起，从心态、观念到行为举止都要转变。那些身为领导、身为意见领袖的人，更要以身作则，影响更多的人关注这件事情；同时也要鼓励后辈，让大家一起来为中国人的形象正名。

说到这里，我想鼓励一下年轻人。现在的年轻人无论是受教育水平还是生活水准都比较高，在教养、素质方面有很高的认识。我问了身边的年轻人，他们外出旅游都很在意自己的言行举止，希望给别人留下最好的中国人形象。所以年轻人也应该发挥积极的力量，影响自己的父母及其他长辈，未来教育好自己的下一代，让中国"礼仪之邦"的美名再次传播开来。

年轻人都很在意自己的外表，拍张照片都要修得美美的才发到社交媒体上。然而，只注重外表是远远不够的，一个人的言行举止，无时无刻不在左右着他的整体形象得分。那么，从现在起，好好琢磨自己的行为、修养，这真的比什么都更能装点自己的门面。在教养方面，于你于我，还有更多可以改进的地方，我们一起加油吧！

如何持续输出优质的内容

在一个针对青少年关于理想的采访中,我了解到,孩子们长大了最想成为的不是科学家、宇航员这些人,而是"网红"。这个结果令人有些吃惊,但是结合现在这种"网红"被万众追捧,带货能力惊人的现状,想成为一个"网红"也是完全可以理解的。

但是,靠耍酷、耍宝吸引流量的"网红",注定不能长久地"红"。如何成为一个有含金量的优质"网红",我还是有些经验可以分享的。

1999年我从台湾来到大陆,2002年我就开始应用QQ的社交功能,2006年玩博客,专门记录我在北京的公关工作和"吃喝玩乐"。2007年,我开始跟时尚圈结缘,从此出现在我博客里的不单有羽毛球运动员、体育明星,还有时尚明星,特别引人关注。要知道,我不是在那几个大平台上开的博客,而是自己有个域名,没有平台推广,纯粹靠自己就累积了一千八百万的阅读量。2009年我有了自己的微博。我五十岁的时候,*GQ Style*杂志要拍九位"脱了衣服依旧有型"的男士,我是其中之一,此后不少时尚大刊都约我拍过片。2012年我开始做《职来职往》节目的嘉宾,也就是从那之后,我渐渐习惯了自己的一个新称谓——刘老师,因为在纽约、泰国,都会突然有陌生人跟我打招呼:"刘老师,我们喜欢你的节目。"当然天涯论坛上骂我的人也不少,这让我慢慢意识到,大概我这就算是"网红"了吧。短视频、Vlog流行以后,我依旧不落伍,走到哪儿拍到哪儿,积极学习怎么剪辑,花心思配乐,总是认真考量自己的粉丝喜爱看什么。虽然不是刻意要做"网红",但到如今我确实慢慢累积了一些粉丝。具体如何做一个可持续发展的优质"网红",我有一些建议。

不忽悠,有真料

只会简单跳跳舞或者摆姿势装酷,你相信靠这些就能成"网红"吗?我不相信,就像我不相信那些"四十八天学成英语"的广告一样。

我们在做任何其他事之前，本职工作一定要先做好。在公关领域，我得到的行业领袖奖和成就奖很多，尤其万博宣伟两次帮助国家成功申奥，我们是经得起掌声的。在此基础上，有多姿多彩的生活，广交朋友，才是加分项。

不了解我专业的"吃瓜群众"，可能觉得让我出名的是年会表演，其实没有任何一件事是简单的。现在很多公司的年会表演有男员工反串，而早在2007年，我就请一位造型师用三个小时把我扮成了武则天，当时一出场就震惊了全场，最终我获得了最佳造型奖。此后连续几年，知道大家对我有期待，我都提前悉心准备，把年会节目当成一场秀来表演。当身上穿一百四十六个Hello Kitty的造型不再能出彩后，我就开始挑战脱衣服，为此去健身。练钢管舞很累，转的时候头很晕，我很怕头晕；练习时还需要全身发力，每次练完第二天就会肌肉酸疼，因此每次上课前很怵……有人说"不过是年会表演，意思一下就可以了"，但我不这么认为，只要跟老师约好了就一定会去上课。坚持下去的道理很简单：你不去练你就不会，没有这种积累就表演不出来。到后来，我的年会节目明星都要去看，而且大家都提前猜测我会表演什么。就这样坚持做，做了十年，做得还不错。

不负面，三观正

当你开始慢慢有知名度，一定记得要用正面的影响力去影响别人。

我社交媒体上有一个标签是"对的事，天天做"，是专门记录自己每天健身的。2010年我开始健身，一直坚持到现在。我想在年会表演上秀腹肌，曾经太高估了自己，花三个月时间突击健身，是有一点效果，腹部紧致了一些，但还是没有腹肌，所以2011年的年会，我的腹肌是画上去的，现在再也不用画了。因为从健身中得到了很多益处，所以我念念不忘。有时，我会怀疑粉丝们会不会看腻了？要不要减少一些？没想到很多人反馈："怎么不发了？要发。看到你发健身的内容，我们也很受激励。"就这样，我慢慢影响了身边的朋友，很多企业高管或领导也开始运动健身，他们同样会传播这些事情，就这样，积极的生活态度感染了越来越多的人。

想要成为优质"网红"，不一定非要展示自己飞檐走壁的超人技能。做简单的事，坚持做好，日积月累。像李子柒一样，有人说她不过是个美食博主，但在外国人眼里她成了艺术家、园艺家、大厨，产生了不可比拟的影响力。

不怕骂，有自信

我从来不在社交媒体上攻击别人，这是我的原则，但有些人不是。当你变得有名了之后，你可能会听到很多骂声，有些完全是不分青红皂白的。

出名了会被诋毁，我在前文中谈到过如何应对：只要不是出现在官方媒体上的事，都不回应。不是事实的事回应一次，可能就要回应一辈子，而每一次回应都会加深大众对这个谣言的印象，没必要做这种得不偿失的事。问心无愧，做好自己，树立好的价值观，有一些信任自己的朋友，足矣。

如何看待职场女性

先说一个有趣的数据。第一财经商业数据中心独家发布的《2020年轻人群酒水消费洞察报告》显示,"女酒鬼"已经占据当代酒场的半壁江山,90后女性酒水消费人数已经超过男性,原因就是她们的可支配收入提升,拥有了更多的悦己意识。下班回家后身心疲惫,开一瓶低度、零卡、高颜值的气泡酒,好好享受一番。"偷偷喝点小酒"这种事,外人看不到,但某些影视剧和综艺节目却让女性成了全社会的热议话题。《三十而已》和《乘风破浪的姐姐》都带着女性话题上了热搜,我觉得这是好事。以我亲眼所见,女性在觉醒:半个多世纪以前,我妈妈这代的女性一辈子相夫教子,唯有家庭是第一位,自己甘愿牺牲；三十多年前，我的女科长还坚信就算是事业女性，在马路上奔跑追车也是不体面的；如今，中国女性终于"乘风破浪"，有独立的自我，越来越爱自己，再也不是男性的附属品。我看了很欣慰，也很支持。

她们真的已经"乘风破浪"了，对男性也提出了新挑战。

女性的自我要求不断提高

《三十而已》大结局"四大皆空"的剧情播出以后，不少人得出结论：这剧就是告诉女孩子们别凑合，日子过到最后，一个人也挺好。国家统计局的数据显示：2018年，中国的一人户比例约达到了16.69%，相当于每六户人家里，就有一户是独居家庭，不想结婚的人越来越多。女性真的不需要男性了吗？我做了个小范围的调研，组织公司里十几个女同事开茶话会，她们大部分单身，少数有男朋友，有两个当了妈妈，她们这样说：

> 我只有晚上下班后才有时间去运动，还要跟男朋友报备，有点烦。
>
> 难得休息，一天安排打球、跟朋友喝个下午茶，一天要陪他，否则他就会抱怨我心里没他，像完成任务一样，

为什么对男性就没这样的要求？真的很累！

我也说不好他是不是我男朋友，认识几年了，我们可以一天互相不说话，连是不是要分手了也不清楚。

会不会结婚我不知道，但是肯定不生小孩，我不想要小孩。

大家都是经济独立的，为什么要牺牲我的时间来照顾小孩？男性要同等付出才公平。

结合社会上的数据，有19.3%的女性选择单身是因为向往自由，这一比例比男性高5个百分点；17.3%的女性选择单身是因为恐惧恋爱、婚姻和家庭义务，这个比例比男性高出近10个百分点。这种形势下，我感觉女性对男性的要求更高了，不单是传统意义上的有房有车就可以，更多涉及性格、契合度、外形等综合考量，否则她宁可单身。

女性到底需要什么

姐姐们乘勇敢之风，破无畏之浪，敢想敢做，那还能给她们什么支持？

当代才女里的翘楚刘瑜在接受访谈时说："钱、安全感、地位、成就感，包括智识的乐趣，这些我都可以自己追求。在爱情上除了快乐和温暖，我什么都不想从男人身上得到。"所以给予现代女性快乐和温暖，才是男性的新挑战核心。

1. 得到尊重和认可，她们会感到快乐。

万博宣伟有很好的示范作用，给努力工作的女性提供了更多机会。在公司里只要看到做到高管位置的女性，我都非常佩服和尊重，因为知道这背后她们付出的双重努力，要平衡事业和家庭，对她们来说太不容易了。

2. 被包容和倾听，她们会感觉温暖。

"倾听"这个词说起来简单，做起来却并不容易。女脱口秀演员杨笠曾经吐槽直男的盲目自信："为什么他看起来那么普通，却那么自信？"有些男性觉得被冒犯了，我倒是同意。现在确实有很多男性太自信、太自大，比如女性只是跟你倾诉，你却非要"自信"地以为人家来请教你，非要教给人家怎么做，这大可不必。刘瑜也说："一件事情出来，急于做判断的人很多，好为人师、爱指手画脚的人也很多，真正有包容心的人很少。我欣赏那种'我先看看听听再发言'的态度、那些从不同角度去看问题的人，这样的人确实不多。"

3. 拥有让她们尖叫的好身材。

这一条是我有感而发补充的。以往我就观察到，健身房里的女性比男性多。最近一次去参加自由搏击课，二十多个人的课堂，竟然除我以外全是女生，这真叫我目瞪口呆。女性对健康的关注程度，真的远远超过了男性，她们在为拥有高质量的人生做准备。而男性呢，除工作压力大以外，很少关注自己的身体，更少对外谈论自己的情绪，从精神到肉体都处在亚健康状态。一个每天累到自己都怀疑人生的男人，是没办法给女性带来快乐和温暖的。最后我要说，能拥有一副让她们尖叫的好身材当然最好不过了，实在不行也要努力做一个干净、体面、健康的男人，否则男性真的要配不上她们了。

任何你看到的毫不费力，背后都是不为人知的加倍努力。

我们无法改变苍老的容貌，但我们能试着保持年轻的心态。

4

自律者出众，放纵者出局

健康是最重要的财富，
也需要持续不断地投入。

对的事,天天做

据健身业界的工作者说,春节过后,健身房的客流量明显多了起来,但这还不是真正的高峰,健身教练说:"夏季到来之前,那才是真高峰呢!"那么,你是在春节大吃大喝一阵后开始进行补偿性运动的人,还是在夏季到来前才开始努力美化自己的人?

要我说,这两种做法都不对。运动是"对的事",应该天天做。

真正意义上的天天做

劝说别人用某种生活方式生活的人,自己一定要先做到,并且从中获益良多,这才有资格推荐给别人,对不对?不妨就让我来回忆一下这个"人人胖三斤"的春节,我是怎么度过的。

除夕前我到了上杭,和我的冠军朋友林丹一起过春节。虽然他已经退役,但还是坚持每天运动,住在他家的那几天,我俩每天一起去附近酒店的健身房运动。他先跑步三十分钟,接着做核心训练;我先做心肺适能运动三十分钟,然后"举铁"。我知道林丹喜欢打高尔夫球,体能保持得很好,肌肉量也够,我们的健身项目不同,但春节期间能一起健身的感觉太好了。运动后回到他家里,亲友来访、喝茶聊天,跟普通人过春节完全一样。四天后我回到北京,家附近的健身房也一直开着,我每天都去运动。之后我去了南京,南京正在下大雪,我在酒店健身房打卡运动,其间还跟朋友们打了一场很激烈的羽毛球比赛,他们都惊叹我体力如此充沛。三天后回京,这个春节就算完美度过。紧接着正常上班了,我更是觉得一切尽在掌握,因为诱惑我吃个不停的春节过去了,在吃的方面更容易控制了,运动也更规律了。我每天健身一个半小时,或是安排器械训练,或是参加自由搏击、有氧舞蹈等团课,平时也尽量步行出门。

天天做，回报会体现在每一天中

我之前应邀到一个运动品牌的未来运动实验室（Future Sport Lab）进行体验，感觉既新奇又很"燃"。这个所谓的实验室，并不是永久性的，而是专为喜爱运动的人打造的暂时性体验空间，它将运动、音乐、视觉和艺术结合在一起，打造出一种未来的运动方式。我们一行三人（除我以外全是年轻人），先参观了青山周平的装置艺术展，在那个空间里，蔓延出去的木制阶梯是品牌 Logo 的形状。运动品牌和装置艺术结合得一点也不冲突，让我们几个参观者立即有了沉浸感。接下来，我们又见识了将未来感和科技感结合在一起的健身是什么样的：专业教练带着我们先做好热身，然后开始了力、速、控、持的训练。力量训练是举杠铃，显示屏随时捕捉我们的面部表情，据说根据人类的面部表情变化、运动强度，电脑能马上分析出训练数据；之后的速度训练，是横向移动，显示屏的图像也会紧紧追随着你；控制训练是手举哑铃，配合蹲起等腿部运动；最后保持训练的内容，则包括划船和模拟推雪橇等。

训练结束，我感触最大的就是：原来天天做对的事，回报也体现在每一天中。比如我一直以为自己膝盖不行，"跳箱"这种训练一定是弱项。没想到，因为平时下肢训练不松懈，真站在六十厘米高的跳箱面前，我也顺利跳了上去。最让我高兴的是考验心肺功能的五百米划船，一个同行的年轻人用了两分四十秒，而我只用了两分钟。

如果躺平会怎么样

会慢慢变胖！可能是现在，也可能是将来。

我先说一部分从来不运动的人："瘫""躺平"，整天举着手机窝在沙发上，出门倒垃圾就算步行了，他们是懒得动的一批人；另外一批人，倒是没工夫躺平，因为他们工作忙得很，只能"压力肥"。对这些人，首先要劝他们每天动起来。

还有一些人，偶尔也会运动，吃得也不多，但三十岁以后不知不觉就变圆润了，自己也找不到原因。周围人都会善意安慰他们："没关系，年龄变大了，代谢会变慢。"老实说，以前我也信，直到看了一些科普文章才恍然大悟，原来这是个美好的借口，根本原因还是运动量不够。我了解到这样一个实验，它由近一百个国际团队共同参与、研究，参与的六千多名受试者来自二十九个国家，从刚出生的婴儿到九十五岁的老人都有。这个实验揭示了一个让人既开心又窝火的事实：二十至五十岁，人每天的能量消耗是相对稳定的，并不会骤然降低。在一个人的整个生命周期中，代谢率呈"升高—降低—稳定—

缓慢降低"的模式，二十至五十岁是相对稳定的，真正开始降低要到五十岁之后。你的腰围、体重在五十岁之前就开始噌噌涨，真相只有一个：你动得不够。

相比二十岁的时候，三十岁时我们的运动量减少了将近20%，并且是逐年减少的，而摄入量却一点也不见减少——那么多诱惑，比如一份鱼香茄子盖饭的外卖，热量竟然高达一千多卡，快赶上健身者一天摄取的热量了——不胖起来才怪呢。

我说得如此悲观，好像人人必胖，也正因如此，天天做对的事，天天运动，不松懈，不偷懒，才是一场跟自己真正的较量。

如何拥有无限可能的人生

不久前，扮演过小龙女的女演员李若彤晒出几张跟老戏骨张丰毅的健身合影，两天之内，被十五万人点赞，得到八千多条评论，网友大呼：这是加起来一百二十岁的人吗？照片里，五十五岁的李若彤身上没有一丝赘肉，线条紧致，手臂有肌肉，还有六块腹肌；而六十五岁的张丰毅更是给年轻人上了一课：他背阔肌发达，身体呈现明显的倒三角形，发达的肱二头肌让他的臂围看起来足足有四十五厘米。这两位著名演员相遇在健身房，就在一起合了个影。李若彤为这次同框写下的文案是：自律＋努力＝无限可能。我非常同意。

自律＋努力＝无限可能，这个"无限可能"意味无穷。在这里，我想根据自身体会谈谈其中的一个必然性，那就是如果你做到"自律+努力"，就一定会得到不一样的人生，尤其可以提升自身魅力。

自律的人容易得到尊重和赞许

李若彤和张丰毅得到的热评里全是惊叹和赞美，我也有切身体会，自律的人就是能得到不管是身边人还是陌生人的尊重和赞许。他们觉得你能多年如一日地坚持，一定很了不起。我有一次去广州参加一个商业活动，新结识的年轻人都对我多年坚持健身的自律敬佩不已，喜欢跟我在一起聊天，喜欢跟我一起参加拓展活动，说跟我同在一个团队，连竞技比赛都能获得更多的胜利。出差一趟下来，我见识了很多美食，但因为有减脂的计划，我都非常克制，回到北京一称体重，一斤都没增加。

自律累不累？说实话不轻松，不能吃甜食巧克力，不能喝喜欢的气泡酒，减脂期间健身一天两练……人本来有追求舒适和懒散的天性，若非要克制着，坚持一段时间后，我也会觉得很累。但这是一种训练，从小到大我们经历了这么多困难，都承受了、解决了，没有放弃自己，工作中那些不如意，吐槽完我们继续前进，没有一蹶不振，其实都是自律能力在起关键作用。有人说：解决人生问题的关键就在于自律。如果不自律，任何困难和麻烦都不可能解决；在某些方面自律，只能解决某些问题；全面自律才能解决人生的所有问题。在自律方面我达到了最高标准，可能因此我看起来才一路平顺。

努力这件事，也需要点鸡汤

有人说努力这件事不需要鸡汤，言下之意就是：只要硬邦邦地埋头苦干就好。我倒不这么认为，举几个例子：

不破圈不知道。 我在前面说过"996"这个话题，希望大家在休息日运动一下，以便更好地恢复精力，但我的一个朋友说这根本不现实，因为连着上六天班以后，休息那一天他真的只想躺着，一点都不想动。

发生疫情以来，有很多人选择辞职创业，离开北上广回到故乡。可能有人觉得他们不够坚持、不够努力，但是我觉得他们已经相当努力去生活了，只是大家境况不同。我以前没有机会了解这些，现在破圈认识了很多不同的人，包括去南方结识了一些"小镇青年"，见识到了更多样的人生，这让我变得更通达和宽容了。

不实践不知道。 连续七年，我都是"中国大学生公关策划创业大赛"的评审。每年参赛的学生们都非常努力，我在肯定他们努力的同时，每次都会教授他们一些方法，比如"为了提案亲自做量化调查问卷"其实是不现实的，学生能找到的都是身边人，样本量不足，得出的结论没有足够的价值，不如从一些大销售平台或者媒体那里直接引用数据。他们听了茅塞顿开，其实这都是我从几十年公关工作的实践中得出的经验。

我到底想说明什么呢？努力可以是尽一切力量去做一件事，也可以是用积极的态度去做一件事，在越来越多样化的今天，大家完全可以在各自的领域用各自的方式去努力，活出不一样的精彩。

塑造充满活力和吸引力的个人魅力

我们都听过这句话：道理听了无数，却依然过不好一生。没错，听道理、讲道理，归根结底是为了过好这一生。要过好这一生，我觉得不取决于你挣多少钱，而更多地取决于你是不是成了一个有魅力的人、受欢迎的人。

在自律和努力之外，还有这些因素可以为你加分：

拥有健康、活力的外形，这也是运动员受到大家喜爱的原因。一个从内到外都健康的人，自然会散发正能量，有处理负能量的能力。

说的和做的保持一致，有正确的道德观，这样你才会被周围的人信任。

做有智识的人，持续学习，多读书，保持好奇心，不轻易批评别人。

性格鲜明，能真实地表达情感，善于沟通。

喜欢社交，像我一样喜新恋旧，打造一个融洽的社交圈。

做到以上这些，你就更有可能成为一个有活力、有吸引力的人，那么你自然会被人看重、令人信任、受人欢迎。

如何让自己变得更好

坐满了年轻大学生的房间里,气氛一下子热烈起来。男生们露出惊奇不解,甚至有点错愕的表情;女生们脸上挂着心领神会的笑容,窃窃私语。这是我在江南大学讲演时现场出现的一幕。类似画面我真的见了很多次,学生们总是反馈:您讲的这些,这么真实和直接,我们从没在父母那里听到过,也没在老师那里听到过,之前没人跟我们讲过,自己也没想到过,真相原来是这样的……

我在讲演中到底说了什么?

被说"不",往往是因为形象失分

我描述了一个画面,请同学们体会一下:终于看到心仪的女生站在那里,男生感觉必须表白了,低头看看自己,感觉自己帅帅的,肯定没问题。于是走过去,模仿影视剧中的画面,给女生来了个"壁咚",凑近她的脸,用霸气的口吻表白一番,然后……想象中的情景并没出现,女生表情卡顿了一下,有点恐慌地说出了那个"不"字,挤出男生的怀抱,跑了,留下被拒的男生一脸茫然。在女生那里,这几秒到底发生了什么?——天啊,他抽烟以后的嘴真臭!细看头发好油腻!脸上这些痘痘是怎么回事?!他的腋下正对着我鼻子,散发着什么气味?!这样的人怎么能做男朋友?还自以为多帅!……女生们甚至还给我补充了一些能瞬间杀死一段萌芽中的感情的细节,比如未修剪的指甲、穿着拖鞋露出来的黑脚跟、约会时偷偷放屁等。男生们亲耳听到真相后,纷纷露出错愕的表情。

我的讲演题目不是《如何交到女朋友》之类,而是《人若精彩,天自安排》。看起来如此像成功学的讲演,讲的却不是怎么赚钱,怎么成为首富,而是怎么让自己变得更好。上文描述的是开始的部分——关于形象,那些你一直不知道为什么被拒绝的真相。我的讲演并不是信口开河,很多数据和案例都来自对年轻一代的调研报告。我知道什么事让他们焦虑,只是他们可能不知道焦虑的原因，也没有家长和老师告诉他们该怎么办。

向喜欢的人表白被拒、求职被拒，很多需要立即给人一个好印象的机会都没把握住，很大的可能就是形象失分。对年轻人来说，到底问题出在哪里，可能需要独自摸索很久，我来扮演提前告诉他们真相的角色。甚至，有些禁忌，如果没人说，他们可能一辈子都不知道为什么自己会被人侧目。比如，很多年轻人不知道，出差时穿着酒店室内拖鞋到处跑来跑去，是很失礼的。至于怎么进阶成为"最好的自己"，我拿出自己随身带的小包给大家展示。作为一个男性，尽管不需要带女生那些化妆品，也不应该包内空空。要带些什么？我的包里有：薄荷糖、牙膏牙刷、牙签牙线、去污笔、免洗洗手液、吸油面纸（湿）、止汗湿巾、湿厕纸。看起来有点麻烦，但随身常备这些东西是为了去除别人不喜欢的因素。如果你在形象上无可挑剔，别人就很难马上拒绝你。

有信誉和行动力，就没人会对你说"不"

"不行、不好、这次不能合作了"这类拒绝的话，我们一生中不可避免地都会听到。

但我还是坚持一个信念，如果你说的和做的保持一致，长此以往，被人说"不"的概率就会小得多，人生也会更顺利。回想自己，一个台湾人单枪匹马来北京工作二十年，就是因为比较重视信誉，才得到了这么多好朋友的扶持。年轻人往往还很真诚，反而是有了一定地位与影响力的成年人会变得口是心非，这也是"油腻"的一种表现。我就反复提醒自己，说的要跟做的保持一致，如果做不到，就干脆不要说出来。比如如果开会时我鼓励创意，但是进行奖励时不以创意好坏为标准，而是以别的绩效考核办法为标准，那我相信下次就没有员工愿意花费心力想创意了。

树立好的信誉，最终要落实在行动力和细节上，不然的话就真应了那句话："道理听了无数，却依然过不好一生。"如果你不知道从哪里开始，那我建议你立个小目标，比如好好吃早餐，或者好好健身。坚持下来，你就会体验到恪守承诺的成就感。小事不疏忽，细节很重要，哪怕是与朋友相约吃饭这种事也要言而有信。如果人家主动约我吃饭，而我那天不巧有事，我会怎么做呢？首先，我不会随口答应，想着到了约定的日子再临时编个借口不去；其次，我也不会断然拒绝，我会马上道歉不能出席，并立即提一个新的建议——不如哪天我们一起去唱歌？朋友就不会觉得扫兴。

回过头来再说在大学的讲演。我很喜欢跟大学生们在一起，可能是因为我不把他们当成小孩，他们也不把我当成长辈。能用自己的一点小小的影响力，帮助年轻人成为更好的自己，这件事很值得，同时我也能从他们身上学到新东西，所以每次讲演都留下了很多欢乐的记忆。

让健康变成一种生活态度

新冠肺炎疫情给我们工作、学习、生活的外部大环境带来了变化,其实,对我们的思想观念,也产生了重大的影响。

比如,我们普遍更追求健康了。我坚定地认为,积极运动、合理膳食,保持开放的心态,走出舒适圈,对世界充满好奇,是一种值得坚持的生活方式。不过,我的这种坚持也有遭遇尴尬的时候:我去云南香格里拉旅行,入住酒店的时候,我习惯性地问:"有健身房吗?"这是我的习惯,出门在外也要健身。结果酒店工作人员表情很复杂,以一种非常温和的口吻劝我:"您先慢慢适应海拔,不用急着健身。"第二天,我就明白是怎么回事了。去滇金丝猴国家公园玩,爬了一段山路后,气喘吁吁，出了一身大汗，我当时想，不错，正好当作锻炼了。没想到接下来的一天更惨，海拔三千三百米，爬几层楼梯都会喘，做什么都得慢慢的。我再也不敢闹着要健身了。这个经历让我想到，过健康生活，可能还真不能固守一种行为。

健康的新定义

首先我注意到，"健康"的定义正在逐渐发生变化。第一个阶段是，普罗大众认为，不生病就算健康；第二个阶段是，一部分人（包括我在内），把健康体现在生活方式里：积极健身，参加各种运动，低盐减糖，按时体检；而第三个阶段，即新健康时代，健康的概念更宽泛了，受众包含了越来越多的年轻人，他们把健康变成了一种生活态度。

他们升级了饮食结构：以大量蔬菜水果、三文鱼、藜麦、牛油果、希腊酸奶等为基础搭配的饮食结构，父母那一辈人可能从来都没见过。我之前总是提醒年轻人多吃蔬菜，潜移默化地，他们真的跟我一样了，早餐开始吃蔬菜沙拉，喝酸奶，完全接受了新的食谱，远离了包子、稀饭这种以碳水化合物为主的传统食谱。

你试过在星巴克喝燕麦奶咖啡吗？以前我们喝咖啡，在意的是口味和咖啡豆这些因素，燕麦奶咖啡则引发了新的咖啡消费浪潮。热量更低的植物奶取代全脂奶，成为素食主义者和健康人士的首选。我还没尝试过，据说跟豆奶、杏仁奶比起来，燕麦奶的口味比较清爽，能凸显不同咖啡豆的风味。另一个火起来的产品是"好喝不胖"的无糖饮料。这说明饮食行业一方面在做加法，出现了蛋白质饮料、活性益生菌饮料等营养饮料；另一方面在做减法，追求低糖、低脂、无添加的食品。数据显示，2020年植物蛋白饮料市场增速高达百分之八百，健康饮食的观念慢慢被更多年轻人接受，这是疫情发生后很大的一个变化。

把运动代餐当成零食吃也成为新趋势。以前运动健康食品好像只属于运动员，现在短保、冻干技术实现了健康食品的营养升级，它们已经进入普通人的生活。

养生不只是枸杞泡水了，养生膳食还受到了年轻一代的追捧。很多即时滋补品，成了所谓"打工人"的活力补给站。

健康消费的新走向

传统观念上，"为健康投资"就是给自己办张健身卡（很多人因为忙，就只在健身房出现过一次）。新健康时代有了变化。去年我看到健身环热销，疫情让健身"云打卡"生活真正兴起，这就是所谓"互联网＋健身宅家抗疫大法"。网购健身器材成了新风尚，很多家庭进阶成了简配健身房。理疗工具也

"热"了起来，我看到不少健康生活区的主播都在给筋膜枪带货，这就很说明问题。智能体育产品，结合了软件方面的内容和手机应用，让人可以随时随地进行健康管理。

连"爱美"这件事，都渗入了健康生活基因。护肤、养肤向专业化迈进，现在很多年轻人买护肤品要看成分，成了"成分党"，烟酰胺能美白、水杨酸可祛痘、维C抗氧化等功能常记心头。有趣的是有些"成分党"还看不起"盲买党"，觉得他们在被广告营销圈钱。我自己也算"成分党"，多年来购买护肤品比较注重成分。最令我吃惊的是年轻人对脱发的焦虑，调查数据显示中国的脱发人数达到了二点五亿，也就是每六个人里有一个已经开始脱发，所以防脱发产品热销，植发也变成了一笔很值得的投资。但你知道吗，植发手术加上后期维护的费用平均是一根头发二十五元，顶着满头青丝走在路上，就好像头上顶着几百万元现金。

因为疫情，关于防护的专业知识也得到了普及。关于"怎么专业、精准地选购防护用品"，许多人都成了行家。

最后是我的愿望：一定不要生病。我的助理做了一个扁桃体切除的小手术。住院五天，他最大的感触不是手术有多疼、术后几天不让说话、不能吃饭、足足瘦了十斤这些，而是住院期间实在太无聊了。因为医院规定谢绝亲朋好友的探视。所以一定要保持健康，一定要好好照顾自己。

如何摆脱年龄焦虑

最近发现不少90后的朋友都发出这样的感慨：我是不是老了？曾经朝气蓬勃，如今却偏爱佛系养生。工作了几年，经验是见长了，但"鲜肉"的头衔却已与岁月一起消逝，那颗无忧无虑的心也逐渐远去。以前，不会忌讳跟别人谈年龄话题，因为总感觉90后的自己还很年轻。直到联合国宣布只有十五至二十四岁的人群才能被定义为"青年"，90后一下被赶入中年行列，"90后中年危机""中年少女"这些词应运而生。

时间不会留情，我们都无法抗拒岁月。不过值得庆幸的是，周围的朋友每次见到我，都说羡慕我的年轻状态，说总能从我身上感受到青春的朝气。因此我在这里分享一下自己是如何做的,希望能让更多人不再畏惧年龄的增长。

运动,让自己更有活力

认真培养健身与运动的习惯,可以加强自身的体质,同时,运动产生的内啡肽还可以让我们拥有更多正能量,所以人类离不开运动。当我们觉得开始衰老时,会明显感到新陈代谢变慢、体力、耐力不如以前,只有坚持运动,保持活力,提高身体素质,才能具备与时间赛跑的资本。

另外,良好的饮食习惯也是让身体常葆活力的一种方式。选择优质的食物,定时定量进餐,能让我们具备基本的身体抵抗力,从而让自身更有活力。

养宠物治愈心情

我发现,养宠物的人通常比较容易开心。无论在外面的世界遇到多少挫折,回家看到这些等待着你回来的小生命时,你就会突然觉得自己周围的气氛为之一变,乌云全跑掉了。在动物的世界里,没有任何歧视与怀疑,当你为它们付出感情,就会收获全心全意的爱与陪伴。

早就有研究发现,有宠物相伴能让人心情放松,减轻心理压力，提高自我认知能力和生活满意度。所以"宠物疗法"常常被国外心理学界用来辅助治疗抑郁症、精神疾病、自闭症，对其他疾病的治疗也有很好的辅助作用。

用爱好丰富生活

拥有自己情有独钟的兴趣也能帮助你战胜年龄。不愉快时就沉浸在自己热爱的摄影、慢跑和音乐中——拿起相机出门拍照、慢跑，或听一段柴可夫斯基、迈克尔·杰克逊的音乐，阴霾立马一扫而空，你就又可以重新冷静、理性地面对焦虑，并解决问题了。

好的伴侣赶走孤独

大家都知道肥胖对身体健康的影响很大，甚至会带来许多致命疾病。美国研究人员进行了二百一十八项有关社会孤立和孤独影响健康的研究，在四百万名受试者中得到的结果显示，孤独甚至比肥胖更致命。肥胖导致人在七十岁前死亡的风险较正常人高出约30%，但孤独的人在七十岁前死亡的风险较正常人高出约50%。

如果能有好的人生伴侣，或是像家人一样的朋友和你一起面对人生，互相理解，分享喜怒哀乐，彼此扶助，在对方低落时为其创造充满正能量的环境，就可以减少罹患孤独时易发的心理疾病的可能。有句话说："珍爱生命，远离负能量。"事实也确实如此，我们不仅要远离爱抱怨、是非多的环境，还要多接触充满正能量的人。

多与年轻人交朋友

我非常喜欢跟年轻人交往，他们更有活力、更乐观，且拥有各种有趣的想法。我从他们身上接收到很多新的概念与态度，他们让我觉得，世界是在不断前进且朝气蓬勃的。人们常说，活到老学到老。当我们到达一定年龄后，总爱依靠经验去判断事物，封闭自己的思想，这是不可取的。多与年轻人接触，感受世界的变化，随时吸收年轻人的新思潮，同样是一种学习方式。想要保持心灵的朝气，一定不能故步自封，要跟年轻人一起不断学习、进步。

另外，我发现很多人认为自己老了是因为焦虑，而焦虑的原因大抵是想得多做得少。这时，我要告诉你，当你想去做什么的时候，最重要的就是先大胆尝试，不要瞻前顾后，你都没有做，怎么知道结果如何呢？比如，我之前一直都知道"细嚼慢咽有助于身体健康"，但我多年的习惯就是吃得很快，风卷残云。直到开始运动健身、管理身材后,我才开始有意识地提醒自己吃饭要慢下来,多咀嚼几次。后来每天坚持,我发现这样吃饭真的更容易饱腹,同时由于食物在口腔中已经被咀嚼得很细,进入胃部后还能减轻胃部负担。有句话说"二十一天可以塑造一个习惯",当你有意识地去培养一个好习惯时,这件事自然而然会慢慢成为你生活的一部分,你不会再对它感到不适或抗拒,同时你还会逐渐感受到它所带来的益处。

时间从来不会对任何人手下留情,每个人都无法抗拒时间的洗礼。或许我们无法改变苍老的容貌,但我们能试着保持年轻的心态。不要让恐惧变老成为你现在的负担,改变一些习惯,调整一下心态,精神饱满、干劲十足地过好每一天吧!

你的形象就是你的价值

2月是个让人开心的月份，不但春节和情人节总会凑在一起，还有一个长假和到手的年终奖，所以很值得你从容地奖励一下自己，包括买点衣服什么的。

我曾在网络上看到一些照片：一个办公室的程序员们都穿着类似的格子衬衣；商场的每个试衣间门外都站着一个女孩，正在等着"审阅"男朋友的穿衣效果……这都挺有意思的，但从另一个方面看，又有点令人惋惜。我觉得男性在决定"怎么穿"上，还是应该更自主和独立，而不是女朋友喜欢什么就穿什么。我在《天下没有陌生人》那本书里就写过，在国外，我曾遇到当面夸奖我穿衣服好看的人，那种被赏识的快乐，只有"自己的"品位被认可才能得到。所以这次谈谈我的"时装经",给大家做个参考。

身材好,你就赢了一大半

你可能想不到,2010年以前,我的朋友林丹曾叫我"足球先生",原因不是我会踢足球,而是开玩笑地说我微微凸起的肚子像足球。现在呢,当我告诉他,我跟他一样穿四十六码腰围的裤子时,他很抓狂。

我的改变就源自健身。

翻出自己八九年前的照片看,说不上胖,但看起来比现在臃肿,脸圆圆的,整个人看起来没有精神。现在,腰围从五十码瘦到了四十六码,体重其实并没减太多,不过三四公斤的样子,但是因为肌肉紧致了,整个人显得更年轻不说,脸形甚至都禁得起电视屏幕的考验,自带"瘦脸"特效了。这样穿再普通的衣服,看起来都不错。这就是我最主要的建议:身材好,你就赢了一大半。

最近坐飞机,我看到国航的空乘人员制服很不合身,好几次忍不住想提醒一下他们改改制服。相比起来,我家旁边的一家烤鸭店,工作人员总给人特别悦目的感觉。想来想去,就是因为他们的制服都是按照身材定制的,让每个工作人员都显得那么精神。所以，除了要练出好身材，你还要注意，不要让买来的松松垮垮的成衣埋没掉你刻苦锻炼出来的身材。想做到这一点，办法就是别偷懒，要去找裁缝改裤脚、袖长，如果需要的话，腰身、肩宽、胸围都要改，你海淘来的西装、礼服要改，甚至衬衣也要改，而不是随随便便塞进裤子里。修改衣服如今是一门珍稀的手艺，你能做的就是找到附近熟悉的裁缝，跟他交朋友，这跟与你的牙医交朋友是一个道理，让他了解你的身材，而不是随便应付。如果能找到一个版型天然适合你身材的服装品牌就更好了。

了解自己适合什么

耐克是我们公司的大客户。每次我去开会时，他们公司的同事经常对我惊呼："为什么你的这身运动服这么好看？为什么我们都没有这些东西？"很简单，这些是我到世界各地出差时买的。一般来说，品牌买手会根据当地市场情况来进货，我在国外买来的某些款式，国内专柜就没有。去年我买了很多运动装备，都非常有设计感。

我们公司的员工知道，我上班时经常穿运动装，不了解我的人见到我还会问："你刚做完运动回来？"其实不是。现在的运动品牌越来越有设计感，有功能性，轻薄、保暖，越来越适合各种场合，这个潮流我欣然接受。

潮流让很多品牌和生活方式深入人心。比如我穿某品牌的球鞋，是因为赞同那种自由自在的态度；我喜欢某运动品牌，是因为这个品牌背后，是对运动员们为了提高零点几秒成绩所付出的汗水的赞美；我经常穿轻量化跑鞋走来走去，是因为如此舒适……保持最大的包容度，但不要盲从潮流。比如我就不穿喇叭裤和阔脚裤，那个不适合我，贴合身材的甚至小一码的衣服，反而会让我看起来更精神。你也一样，要根据自己的风格、身材、喜好、经济能力等多方面因素，去选择适合自己的服装，不适合的风格会让你整体感觉像是借了别人的衣服在穿。

着装得体比华丽重要

我在大学里讲演时常说：大多数年轻人之所以会有不合礼仪的穿着和举止，是因为见识不够，眼界不高，完全不知道正确的礼仪是什么。如果得到提醒，他们是非常乐于改进的。

我最怕看到的问题就是裤长不合适。西裤过长，其实很显老态，整个人看上去很不精神。那到底多长合适？裤脚与鞋面之间布料堆砌而形成的褶皱，叫"Break"，讲究还挺多的。如果你真的没有太多精力花在服装上，不如就选择最简洁有力的

"No Break"，站立时让裤脚自然垂至皮鞋鞋帮，没有褶皱，坐下时，刚好露出一截袜子。这种风格很现代，也很适合年轻人，静立时线条平顺显腿长，坐下或走动时会露出一截袜子，你可以在袜子上展现品位，注意请别穿白袜子。

往西装口袋里塞杂物，会让全身线条发生拉拽效果，我只把手机放在臀部的口袋里。

穿着酒店的一次性拖鞋在公众场合走动是非常失礼的，拖鞋只适合在室内穿。

"Manners maketh man"，是电影《王牌特工》里的经典台词，男主角从街头小混混儿进阶成为英国绅士，付出了巨大努力。希望大家也要对自己有信心。现在很多品牌推出的基本款就已经很方便，穿上基本不会出错，只要修改合身即可。

如何度过一个令你精神焕发的假期

如果有假期，不知道你会选择哪种方式度过。是长途跋涉看尽天边的风景，还是找一个人间仙境舒舒服服地躺着，外加不停地品尝美食？身边有些朋友说，假期结束以后反而更累，甚至会带着宿醉回来。我说说自己喜欢的，并且近年来坚持每年至少一次的休假方式——到泰国进行排毒之旅。

先说结果，有一次我瘦了三公斤多（之前在曼谷吃吃喝喝太放纵），身体感觉非常轻盈，原来稍微有些高的血压也恢复正常了。休假结束后一点儿也不累，还感觉精力充沛。我决定把"这个排毒之旅每天都是什么样的"，以及我的一些思考写下来，算是给大家提供一个更健康、更焕发活力的休假新思路。

由内到外、从吃喝到运动的排毒方式

一直以来,泰国针对游客的排毒项目都很有名,从苏梅岛到普吉岛上都有这样的旅游项目。我这次选择了普吉岛南端的以 Friendship Beach Resort 酒店为依托的 Atmanjai 排毒中心。风景那是没的说,酒店门前就是海滩,旁边有个风浪板训练营,很多爱好者在这里"乘风破浪"。有时我会到附近的 Nai Harn 海滩做运动,那里很安静,沙子细软,海水比较干净。一早就能看到锻炼的人,还都是些身材健美的人士,看到如此优秀的人们还这么勤奋,我简直不好意思再躺着吃吃喝喝。

饮食方面,每天都喝椰子汁,以及其他鲜榨果汁。这次四天中有一天我全天只喝蔬果汁,不吃任何固体食物。其他日子里,食物的摄取也都非常健康。早餐:蜂蜜酸奶麦片+煎蛋;午餐:沙拉+一份富含蛋白质的食物(三文鱼、虾或鲔鱼);晚餐:蔬菜清汤+沙拉。一起参加排毒的大多数小伙伴甚至会选择强度更高的禁食项目,比如全程每天只喝蔬果汁,不吃固体食物。我没有采用这么激进的方式,因为要把重点放在运动排毒上。

早晨 7 点半到 8 点半的瑜伽课是全天运动的开始,下午还有一次瑜伽课,每天还会有一节强度比较大的锻炼课,比如泰拳、高强度间歇训练、循环训练等。我到的第一天早晨,大家被呼唤起来到沙滩上完成一套含十组动作,共二十五分钟的循环训练。这些动作看似简单,实际上能把你累得气喘吁吁,最后坚持下来,完成所有动作的学员只有我一个,没有被下马威难倒的感觉真不错,我有点骄傲。我还给自己增加了运动量,每天加练一个小时的泰拳(热身是跳绳五分钟,泰拳教练们会讲一点中文)。岛上能提供一对一泰拳课程的泰拳馆非常多,一小时的课程里分五段练习,每段包括挥拳、勾拳、踢腿这样的动作,连续八分钟,之后有两分钟的休息。其实这种有氧训练相当累人,我选的泰拳教练又很认真,教会我不少技巧,也把我虐得虚脱,尤其肚子里只有蔬果汁的时候。运动项目还包括在游泳池里做的抗阻训练,它能练到臀部肌肉,效果也非常惊人。

最后一天有重头戏,泡镁盐浴三十分钟后做了一次洗肠。也是为了"清洗直肠"这个项目,我头天只喝蔬果汁。

知其然,更要知其所以然

前文我已经剧透了,五晚四日后我瘦了三公斤多,客观地说,减重这件事并不是我的诉求,因为靠在一段时间内节制饮食减重,是不值得推荐的,也往往容易失败,连自制力特别强大的我,都会在转天早晨,因为吃了一顿丰富的早餐——包括怀念了四天的咖啡和牛角面包——而感觉非常幸福。让我深思的是为什么这么做，我的血压能降下来，并感觉精力充沛？事要知其所以然，因此我进行了一些归因。

1. 这段时间内，完全戒酒、戒咖啡。

2. 这段时间内，生活作息极其规律。

吃饭、运动、午休，晚上11点前入睡。好好吃饭，好好运动，"对的事，天天做"。

3. 镁盐浴有助于解压。

压力和紧张引起肾上腺素分泌过多，会表现为血压增高，在家泡个镁盐浴是可以帮助缓解压力的。镁盐是天然产生的硫酸镁，也叫泻盐，能放松肌肉，促进血液循环。泡澡过程中，身体可以加速排出有毒物质，缓解疲劳，改善睡眠。

4. 养护大肠有助于改善肺功能。

大肠的健康原来这么重要！《科学》杂志在2018年1月发表了一项重要研究成果："参与机体的稳态、哮喘和慢性阻塞性肺病等病理过程的天然淋巴细胞，会从肠道迁移到肺部参与肺部免疫反应。"也就是说，大肠有问题，肺也会受影响，这和中医讲的"肺和大肠相表里"的说法竟然不谋而合！古人实在是太有智慧了。不过，经常性的洗肠是不利于健康的，我也一年仅做一次。经人提醒后，我第一次做了肠道和胃的内窥镜检查，得知台湾超过五十岁的男性，每四个人里就有一个肠道内有息肉，我的检查结果显示没有，我感觉很高兴。在此提醒大家，要重视肠道健康和早期筛查。

最后，一位中医朋友解答了我的疑问。他说一个人要想成点事，关系到很多因素，比如机遇、能力、知识等，其中很重要的一点是能在关键时刻有破釜沉舟的魄力，魄力其实和肺息息相关，大量的有氧运动能让肺气旺盛，肺气旺盛了，人的精神就足了，自然精神焕发。

你是在"假装健身"吗

之前有一组关于运动消费的数据显示,我国约有一亿人买了运动装备却很少运动,办了健身卡却很少去健身,最后得出的结论是"有一亿人在假装健身"。我看了后颇不以为然,由这些数据推导出的结论并不严谨,甚至有些夸张。从我身边的朋友来看,明明有运动、锻炼意识的人越来越多,大家想要健康的诉求还是非常明确的。可能刚开始健身时他们会感到比较辛苦,总为自己找理由,不能坚持下去,但我认为他们只是目前决心不够,并不认为他们是在"假装健身"。

但这个话题得到了不少共鸣,比如有些人确实承认"健身卡办成了洗澡卡"或者"瑜伽垫子招灰"。甚至有人提出来,都"996"了还强迫自己去健身打卡,这不是追求健康,而是在"追求猝死"。我觉得这才是这个话题背后隐藏的值得我们深思的问题——那些"假装健身"的人,可能事业上真的遇到了问题。

我为什么没那么忙

下决心去健身但半途而废的人,最多的借口大概就是工作忙吧。

开会、参加客户的发布会、出差、到大学讲演,我忙吗?应该很忙。但外人看着我又没那么忙,因为我还有时间健身、和朋友们欢聚、品尝美食。

我在一篇专栏文章里提到,我戴了智能手表以后,从消耗的卡路里数上发现自己有氧运动量不够。有朋友问后来情况是不是得到了改善,我说当然了,计划好的事情怎么可能不做。在那之后,能不坐车的时候我都自己走路,甚至提前下车步行前往目的地。如果去外地出差,我会提前到达机场,利用候机时间多走走。朋友们很吃惊地说:"我们经常赶飞机赶得上气不接下气,你还能提前到?"我说这其实就是时间管理得好而已。对我来说,安排出健身的时间并不难:如果当天工作很多,我宁可早起一小时;如果出差,就在外地酒店健身房完成健身任务。

我认为那些无法灵活有效管理自己时间的人，除去工作效率低以外，问题可能还出在没有厘清自己在职场中的"责任边界"。如今很难想象会有员工来问我一个案子具体要怎么做，就算是来询问意见的，也必定是带着答案来的。大家都应厘清自己的责任边界，分清哪些工作是自己分内的，哪些工作是自己参与合作的，避免大包大揽，忙得要死，也避免互相推诿、逃避责任。分内的工作，必须做到最好；合作性质的工作，尽量多付出些时间和精力，为别人解决困扰。只有这样，整个工作过程才会紧张而有序，而不是鸡飞狗跳乱作一团。

今年你升职了，心里还惦记着原来一起工作的兄弟们，但我建议你：尽快适应你的新责任边界，培养接班人，授权接班人去做事，而不是事无巨细都要过问，否则你的摊子就会越来越大，确实没有时间健身。

我一直扮演"救火员"的角色

接下来我要说那种有时间但没有余力的情况。

有一次，我跟相熟多年、职位已经是公司高层的朋友去唱歌，夜里11点多了，他突然说："稍等，我要开个电话会议。"结果当即被我骂："如果不是紧急情况的话，有必要假装自己这么忙吗？总是十一二点开会，还能留住自己的员工吗？如果是客户这么做,那就不做这个业务好了。"学过时间管理的人都知道,最难的不是处理紧急事务,而是改变一种恶性循环:明明不是紧急工作,还要求合作方全天候待命,侵占员工的私人时间,结果就是团队留不住人才,项目干不久,最后反而损害双方利益。

我在万博宣伟工作了二十年,很多客户跟我们一起成长,建立了良好的关系,我总结下来就是:让大家感觉舒服的合作关系首先源自尊重。我们也是乙方,对甲方以及第三方,比如媒体、KOL,甚至布展单位,相互都会尊重对方的劳动。其次源自信任。帮朋友介绍业务,我从来没想过人家在金钱上欠我什么,而是为能帮助人家解决问题而高兴。再次源自专业。有足够的资历,自然说话有分量。最后源自真诚。能有以上这些相同的价值观作为合作基础,就不会有很多"火情"。

当然我们也会遇到特别难缠的情况,有时就需要我出面与合作方的更高层领导进行沟通,这时往往几句话就能达到互相谅解的目的,让双方的执行团队坐下来重新开始,所以我一直扮演维护客户关系的"救火员"角色。大部分时间都是有序的合作,只是偶尔有"火情",你才有余力过自己想要的生活,做自己觉得正确的事。

最后谈谈那些不得不接受"996"工作制的员工,他们确实不可能强行打卡健身。前文中我就旗帜鲜明地反对"996",这种工作制其实破坏了普通员工的工作边界,也损害了他们的健康。

珍惜健康，敬畏生命

回忆 2020 年的春天，你记忆里留下的是什么？你感到触动最大的是什么？这个春天改变了什么？

最严峻的时刻

2020 年年初，我去了美国、日本、东南亚等地，又回到中国，感觉从轻松到严峻。春节期间我在国外，街上戴口罩的人很少，这是因为在他们的公共卫生文化里，戴口罩是呼吸系统有病症的人的自觉行为。日本倒是有"口罩文化"，主要是因为春季花粉过敏的人很多。在泰国的日子很轻松，甚至正好赶上我入职万博宣伟二十年的纪念日，在曼谷举着庆祝蛋糕，我发表的感想是："时间过得好快，老虽老，功夫好！"一派轻松快乐的气氛。那时我叮嘱国内的同事们："事情总会过去的。这世界上不管是高高在上多风光，还是跌落谷底多悲观，事情一定会过去！加油中国，加油武汉，加油同事们！"之后回到北京，马上居家隔离十四天，三天下楼买一次菜，一定要戴口罩，这种反差显示了当时情况的严峻。

之后虽然不能回公司复工，但我们还在工作。比如一个航空公司客户，针对当时的情况，跟我们一起构想了一些提升卫生安全的措施，以保障乘客顺利出行，希望能惠及更多人。

英雄和偶像

我记住了很多英雄，包括医护人员、志愿者，他们大多数是普通人。"国士无双"的钟南山院士，可能并不承认自己是英雄，但我觉得在很多危急时刻，是他给我们带来信心并树立了典范，在央视的纪录片里，他让全国人民看到了一个坚持锻炼的人到八十多岁时能有的风采，成为真正的全民偶像。他说："我是一名医生，很了解一个人的身体健康状况，锻炼对身体健康起到很关键的作用，让人保持年轻的心态，它就像吃饭，是生活的一部分。"我再赞同不过了。

经历了这次疫情,"健康很重要""运动提升免疫力",这些观念得到了前所未有的重视。如果说十七年前的 SARS 病毒,可能很多人已经淡忘,而这次,因为互联网的发展,我们看到了很多具体的个例,每个数字背后都是鲜活的生命,相信这次的全民记忆会很深刻。重创之后我们会好好反思:你最成功的投资不是房产或者股票,只能是健康。回到原本平静的生活里,你会更珍惜健康,更敬畏生命。

热潮和持久

任天堂的体感游戏健身环也经历了"一夜暴涨,越炒越香"。热潮来得有必然性,毕竟大家都没办法去健身房,甚至连房门都不能出,玩这款家庭健身游戏成了居家健身新方式。据说它的价格已经从最初发售时的五百五十元,被炒到了近两千元,还出现了断货现象。但是我想问那些跟着热潮购买的朋友,现在你的健身环有没有吃灰?你还在坚持吗?

不能去健身房,在家当然也可以锻炼!2016 年时我开始学做 TABATA 高强度间歇训练,设备只有一块垫子而已,当时做完觉得很累,气喘吁吁。如今好几年过去了,TABATA 已成为我的居家健身方式,一组八个动作,每个动作二十秒,休息十秒,我能做六组,从心率上看,我比 2016 年时完成得更好。

这说明，娱乐性、趣味性、游戏的激励制度确实能调动大众的健身意识，但只有持之以恒才能让你真正受益。很多证据都表明，突击性质的高强度运动反而会降低你的免疫力。"对的事，天天做。"

这个春天改变了什么

从个人角度来说，我们家庭卫生用品的清单里，肯定会加上口罩和消毒液，个人的卫生习惯也会发生巨大变化。比如，外出回来肯定会仔细洗手。在家打牌，以前输了的人做俯卧撑，起来以后继续玩，但现在我们都自觉再洗一次手，生怕把地面上的细菌或者病毒带到纸牌上。在街上，如果你有随地吐痰、咳嗽时不遮挡的公共卫生陋习，肯定会遭到大家的白眼。

从企业角度来说，有些人群密集的商业活动受到了重创，不只是娱乐场所，很多越野赛事也都叫停了。健身房的经营者会采取什么举措让大家既能尽情锻炼，又得到卫生方面的保障？是考验他们如何赢得客户的时候了。

生活方式方面，漫长的"云办公"期间，有的朋友问我，会不会从此大家都宅在家里了？我倒不这么认为，远程办公能让我们改变一些办公方式，有些会议没必要舟车劳顿见面开,就以视频会议的方式开。减少外务,能让我们专注地安排生活,比如更自律地健身。但是,这不能替代社交,我看到有人在朋友圈里憋得大喊:"想跑步,想撸铁,想和朋友们唠唠嗑!"这也是我的心声,天下没有陌生人,还是需要面对面交朋友。

我的第一次直播健身

近两年,直播的世界发生了变化,吸引大家注意的已经远远不只是"OMG,买它"了,在"万物皆可直播"的大浪潮里,我也有了第一次直播健身的经历。

先看一个数据,2020年3月QuestMobile发布的《2020年中国移动直播行业"战疫"专题报告》数据显示,春节期间,网民对移动互联网依赖加强,互联网的使用时长比日常增加了21.5%。宅家期间,除直播卖货、直播助农、直播授课以外,还衍生出了更多新的直播方式,比如直播旅游、直播看展,以及直播健身。

直播是要凭本事吃饭的

除了"云办公",好像万物皆可"云",我甚至听说了"云逛街""云喝酒""云打牌""云赏樱",似乎直播这件事人人都能做,但其实直播还是要凭本事吃饭的。我一直对那些有料、能脱稿娓娓而谈一小时以上不冷场的主播敬佩不已。

某天我们亚太地区 CEO 突然找到我,要我直播健身,即带领整个亚太区的同事在上班之前一起运动二十分钟,给大家提振一下精神。当时万博宣伟整个亚太区的同事都在家办公,难免穿着睡衣睡裤、家里乱七八糟的,没有上班的仪式感,而指派不同的同事做主播,能吸引大家参与,让每个人都觉得自己不是孤单的,仍然与整个万博宣伟大家庭互联互通。他选中我,当然是因为看到我在社交媒体上经常展示自己运动的情景,也知道我对健身的执着——"对的事,天天做"。对每天都锻炼的人来说,直播二十分钟健身简直易如反掌,但毕竟英语不是我的母语,我也不是职业教练,更从没做过主播,做直播对我还是有点挑战性的,于是,为期一周的准备工作开始了。

首先,我跟同事做了分工,请他们负责搞定直播的硬件、场地、音乐、灯光与测试,确保直播的信号与流程都没问题,我来准备直播的内容。当晚我就与两名健身教练一起设计到底练什么,最后一致选择了 TABATA(一种高强度间歇训练,八组动作，四分钟完成），并加上热身、拉伸的动作，功能上侧重于练习心肺功能和减脂，初学者可以慢一点、强度弱一点，自行调整。然后我浏览了一些TABATA英文教学视频，记录动作的英文名称，以及教练的旁白，利用自己还不错的英文写作能力准备适合给同事们讲的内容。

确定了排练的时间后，第一次排练时，我请来了一位美国同事到现场，帮忙润色我的英文讲话内容，同时现场测试了场地布置、灯光、背景和耳麦等（要通过两个平台直播，国内是微信，国际是脸书，所以要同时戴两个耳麦，必须确保自己在蹦蹦跳跳时耳麦不会脱落）。转天，我有了一份润色得更好的内容稿，我把它录下来反复听，走路和在家里做TABATA时都配合着听。第二次排练时，我要讲的内容已经谙熟于心，剩下的是敲细节，比如站位、面光、我是否保持笑容……排练了两次以后，我甚至可以脱稿加一些互动的语言、动作了。

很快就到了正式直播的那天。直播10点半开始，我9点就到了公司，又排练了两次都很顺畅，然后很有信心地开始了人生第一次直播健身，做了一回体育主播。

直播还是有志者事竟成

那天的直播反馈很好，现场同事说我所有的细节都记得，运动状态也完全没打折扣，过程进行得很顺畅。通过网络，同事们发来互动，尤其是女同事们，大赞我身材好。还有一个平时也健身的女同事，说她完成TABATA的八组动作后喘得不行，问为什么我脸不红，也不气喘吁吁，还能同时说话。这得益于我每天都在锻炼，打好了基础。尽管比同事们年长很多，但我还是游刃有余地完成了这次直播任务，这更说明强健的身体有多么重要。"对的事，天天做"，唯有坚持运动才能拥有强健的身体。

可能有人会说，你也不带货，只是在公司内部直播，短短二十分钟，跟带领大家做工间操差不多，至于又找同事分工协作又排练这么大费周章吗？我的回答是很有必要！同事们全都是公关专业人士、沟通高手，我作为中国市场管理层的人，怎么能让中国同事失望，被其他亚太地区同事看扁！

为什么这次直播取得了成功？我认为原因有两个。首先，成功必须靠团队合作，自己一个人难成大事。我一直强调要学会与同事合作，别什么事都自己干，这样容易把自己累得要死，还未必有效果。其次，我一直深信，充分的准备与排练，才能成就一台好戏。回忆自己的第一次全英文汇报、第一次公开演讲、历次的年会表演，都表现不俗，就是因为准备充分与多次排练。这些年经常对外演讲、在公共场合讲话，也练就了我处乱不惊的能力。

直播大热，"万物皆可直播"，可说到底，只有主播靠谱，粉丝才会追捧，客户才会信任。如果主播的表现时好时坏，不可预测，别人就很难信任他。技术可能日新月异，但成功的人永远是那些抱持"要做就做好"的态度、做事绝对不会半吊子的人。

体重管理是一辈子的事

最近有没有听到这样的话？——复工回来胖十斤！本来大家有运动的习惯，但居家期间运动量不足，到了夏天，多出来的体重虽然在视觉上没有达到需要减肥的程度，但是你自己会有累赘的感觉，于是体重管理成了最迫切的需求。

我倒没遇到这种情况，即使是休息期间，我也一天都没停止过运动。不过，对于体重管理这件事，其实我也上下求索了很多年。

到底还要怎么努力

我的体重在八十公斤上下,多年前这个数字是八十四公斤,两者好像并没有惊人的差距。但没有健身前,身上脂肪较多,看起来也不精神。林丹给我起名"足球先生"调侃我肚子的事大家应该还记得,就是被他的话所触动,我开始奋起健身,同时控制饮食,如果不出去应酬,晚餐只吃蔬菜沙拉,肌肉量增加了,效果就是我看起来紧致、变瘦了。

之后,我奉行"对的事,天天做"的原则,哪怕出差也会坚持健身,体重一直保持在八十公斤左右。2010年之后的几年,因为想在年会表演上让身体线条更利落,我做了很大的努力,向健身教练学习打比赛时的饮食方法:在年会表演前的最后一周吃无盐食物,最后两天减少饮水量,只吃干馒头那种几乎不含水的碳水食物……但这种突击式的减重方法我并不推崇。

对于体重我有个目标:七十五至七十八公斤,但想要达到确实越来越难了。有人说有两个办法:**第一**,迈开腿。老实说我现在每天有氧运动的时间能达到四十分钟以上,疫情隔离期间我每天做六组TABATA,别人气喘吁吁,我能轻松完成,别人说TABATA是减脂利器,我听了哭笑不得——哪里有减一点? **第二**,管住嘴。我有整整一年基本不吃甜食,不喝饮料,结果体重也还是没什么变化。所以我就有点想不通了,已经这么严格要求自己了,到底怎样才能达到理想体重?

为什么是一辈子的事

陷入瓶颈期后,我就开始思考,影响我们体重管理的因素一定还有别的,直到我看到了一篇文章。文中介绍,人的体重是由脑控制的,你想瘦?脑可不答应!尤其是你试图通过节食拼命减重的时候,下丘脑会认为你快"饿死了",无法摄取足够的食物,它就会尽可能地减少你的能量消耗,完全不听你的指挥。所以一旦开始进行体重管理,就要长期坚持运动,控制饮食,养成健康的生活习惯,让脑习惯你的生活方式,否则就会失败。那些停止减肥后体重立即反弹的人,就是输掉了跟脑的博弈。

新陈代谢速度的快慢也同样会影响体重,临床数据显示,人过了五十岁以后,新陈代谢速度会缓慢下降,同样的运动量,年轻人肯定比年纪大的人代谢快,也肯定比年纪大的人减重快。意识到不可能改变的客观现实后,你就必须接受:体重管理是一辈子的事,放弃就意味着失败。

当然不能放弃,所以现在我努力做到以下四点:

1. 坚持运动。

基础代谢的 60% 会消耗在肌肉上,所以增加肌肉才能提高代谢率。听说睡觉时身体也在进行基础代谢,所以好好睡觉也很重要。

2. 均衡饮食。

夏天我也要适当吃一些雪糕了,生活不必那么辛苦。

3. 戒掉不良生活习惯。

很多年前我就已经戒烟,因为吸烟会造成心肺功能的下降,同时尼古丁还会让血管收缩,造成血液循环不畅,降低基础代谢率。因为有商业活动,我不得不喝酒,所以不应酬的时候,晚餐一定只吃沙拉。

4. 开心一些。

压力和紧张会让血管收缩,细胞组织会出现低氧、低体温的现象。我特意每年给自己安排一次排毒之旅,其间不喝酒、不喝咖啡,早睡早起,规律运动,按照规定食谱进餐,彻底放松身心,从内到外感觉焕然一新,也就是在这个阶段,我能达到七十七公斤的理想体重。

为自律的结果骄傲

企业家及财经作家吴晓波,把体重管理称为"一场认知的革命",他说他所认识的企业家减肥都很成功。因为他们意志强大,有很深的、不自觉的"自虐倾向",结果就是他们不仅把公司管理得很好,而且把自己的体重与身材也管理得很好。换言之,能管理好自己的身材,是值得骄傲的事。

我也为自己的努力结果感到骄傲。排毒之旅结束后,我终于达到了自己的理想体重。在海滩上开心地跳起来的瞬间,我请人帮忙拍了一张泳装照留念。我把这张照片展示在社交媒体上,就是想告诉大家,在这个年纪还能保持这样的身材,这是我自律的成果。我们应该有勇气展示自己的健康,展示美。

身体健康是一切美好的开始

最近有机会向更懂得生活的人学习，就是那个"全日本最懂生活的男人"——松浦弥太郎。他的畅销书《一百个基本》，提倡恪守"基本"，才能享受生活。例如早晨沐浴、修剪指甲、保持牙齿健康、尽量不穿旧的内衣和袜子等生活细节，我都感同身受。这些有效的自我管理方法，能够让你真正理解自己的本质。尤其从保持牙齿健康这条引申出来，我想聊聊那些平日总被你忽视，总觉得是"小毛病"的健康问题，最后可能都会演变成大问题。

年轻不是无极限

有人说"年轻无极限",我并不赞同。相反,不管你有多年轻,如果你一直过着高压、高负荷的生活,以下这些你觉得不重要的小毛病,可能就会引发严重的疾病。

隐隐的胃疼:医生发现得胃病的年轻人越来越多,甚至严重到罹患胃癌。原因大家都知道,压力大,一日三餐不规律,易致肠胃功能失调;长期加班和身心疲惫使胃得不到休息,导致胃酸过多;熬夜导致胃酸分泌失调;在吃消夜时大吃大喝那些酸辣煎炸的食物,极易伤胃。我想,如今全社会提倡节约,也许能促使大家都回家吃饭,合理进餐,不饥一顿饱一顿的,或许可以拯救我们的胃。

宿醉:随着社会关系的增多,应酬也越来越多,幸好我对自己身体的了解程度也越来越深了。现在我能明显感觉到,喝到什么程度会喝多,然后果断停下来,不让自己第二天处于宿醉状态。老实说,在喝酒前、喝酒中和喝酒后,我都服用解酒药,解酒药的效果是因人而异的,也不能全依赖它。为了健康最好少喝酒,更不要空腹喝到酒精中毒的程度。

过劳:过劳猝死的例子太多了。我举个相反的,松浦弥太郎是杂志主编,他对员工的要求就是从不加班。他的作息是每天早晨5点起床跑马拉松,怡然享受早晨的时光,9点上班,下午5点半必须准时下班,7点和家人共进晚餐,10点准时睡觉。按这样的生活方式生活就一定不会过劳。

久坐:我去微软公司做客,在卫生间的小便池上方发现了一张贴纸,提示尿的颜色到底说明了什么——无色透明,水喝多了;浅黄透明,正常的颜色;暗黄/琥珀色,身体缺水了……这种小提示我觉得非常好,长期压力大、久坐不运动、吃得太咸、大鱼大肉、熬夜、吸烟、酗酒,都会危害健康。

越年轻越应该早重视

保护牙齿:别不把牙疼、牙龈肿痛出血当回事。我就要谢谢自己的牙医,是他三十年前就帮我早早树立了洗牙和使用牙线的习惯。龋齿要尽快去补,每天忍受牙神经疼本来就会影响工作和生活,最后发展到做根管治疗的程度,至少需要复诊四次,花费也很大。美国人常说的笑话是,你做一颗牙齿根管治疗的费用,就够牙医去旅游一次了。牙齿缺损也别忽略,我亲眼看到自己的妈妈在老了之后,因为有缺损的牙齿,周围的牙慢慢都掉光了。日本有一个项目叫"8020运动",意思是即使到了八十岁,也要保持自己的牙齿有二十颗,那就还可以去吃所有好吃的东西。你说戴着假牙也能吃好吃的?那还有坏消息等着你。据统计，相比其他人，全口假牙的人更容易患肥胖、高血脂、糖尿病、高血压等疾病，同时，如果脑梗或心梗病发，也会更容易变成重症。

预防视力衰退：年轻时我对自己的视力骄傲得很，直到二十年前的某一天，早晨坐在马桶上看书时，纳闷为什么眼睛总是模糊，揉了又揉，后来有人提醒我去测测是不是花眼了。结果没想到，老花眼提前降临，我感觉特别沮丧。听说视力好的人确实会提前花眼，没办法，为了延缓视力的衰退，还是要多吃蔬菜水果，少看手机，多去户外活动。

过敏：一位朋友对猕猴桃和西瓜过敏，我听说时简直震惊了。有人说过敏是专门攻击年轻人的一种富贵病，生活环境越是干净，免疫系统对过敏原的反应就越强烈。记得有一个广告，就是强调小朋友在户外运动会接触多少细菌，用什么产品能清除手上 99% 的细菌。可以想象，在这种环境中长大的新一代，免疫系统根本无法得到有效的锻炼，过敏性鼻炎、哮喘等呼吸系统疾病说不定就会找上门来。

改善不良气味：病态的体臭会让你在社交生活里失分，可以医治的应该尽早改善。

保养你的脚：我见过运动员的脚，变形、灰指甲、布满老茧，看着很丑，但是也很感人，这是他们为运动献身的表现。我平日踩椭圆机后都能感觉到脚被鞋子挤压，所以每个月都去正规的地方修脚,去除死皮老茧。足部健康关系到你站立和运动的根基。

今天我只是列出部分"小毛病",遇到哪个都会让你分心。尽早根治这些"小毛病",你的工作和生活才能尽情尽兴。

减重最重要的是要有行动力

我又一次减脂瘦身了。一个半月的时间,减掉了五公斤。

所谓"又",了解我的朋友都知道,这不是我第一次减脂瘦身,自从十多年前被好朋友林丹调侃,促成我养成终生健身的习惯后,体重一直保持得还不错,没有一个人会说我胖,而这次的减脂动力源于想要完成一个心愿。

2021年2月27日,我过了六十岁的生日,想送给自己一份礼物,就是拍一组照片,记录下来这个年龄也可以保持的最佳身材。说做就做,从3月1日开始,一个半月后,我的体重从八十二公斤减到了七十七公斤,之前去泰国做排毒也只减到七十八公斤而已,所以我很惊喜,希望能循序渐进地好好延续下去，最好能减到七十五公斤。

减脂很难、很痛苦吗？我真的不觉得。我想把以下经验分享给大家。

要有马上就做的行动力

"为了明天有力气减肥，今晚先吃饱了再说"，这种段子你也没少听过吧？行动力不强，使很多人觉得减肥是件难事，所以一拖再拖。我最自豪的就是自己决定的事能马上去做。1995年的某个早晨，我起床以后习惯性地找香烟，那时我已经抽烟十多年了，算得上是老烟枪。可是不巧，平时都是成条储备的香烟竟然只剩下了一根，我拿在手里看了看后，突然做了个决定：既然老天爷特意安排，不如干脆戒烟吧。就这样，戒掉了。开始也有过难耐的时候，做梦都梦到自己又在抽烟，但理智让脑子里有一个声音在反问：都戒了这么久，再抽不就白戒了吗？我很痛心地醒来，幸好是做梦。

都说有行动力的人才能成功，怎么界定成功先不谈，大房子可以缓缓再买，新车可以等等再换，但是有利于身体健康的决定，我觉得就应该马上去执行，要放到最优先的位置。

摄入方面,要清清楚楚地做减法

减脂计划既不能简单粗暴,也不能过于复杂。简单的饿肚子或者只吃黄瓜,可能暂时有效果,但是缺少营养成分,肌肉会大量流失,影响基础代谢,之后容易反弹、容易胖,还危害身体健康。而太复杂的减肥食谱,一般人又觉得难以执行。我觉得自己减脂不困难,平日吃进去的东西就比较健康,而且一清二楚,所以做减法时,能马上知道拿掉哪项、减少哪项。比如:戒酒、戒糖,不吃甜食;把早晨的一杯鲜榨果汁换成柠檬水;午饭我也换成了基本都是蔬菜杂粮的轻食;晚饭基本都在家吃,以蔬菜和优质蛋白为主,品种搭配得尽量丰富一些。

减脂的核心就是控制总摄入量,我们总会低估自己摄入的热量,以为自己吃得很健康,不知道为什么就胖了,这就是我说要清清楚楚做减法的原因。比如,我经常看到有女孩子吃满满一大碗沙拉,里面除了蔬菜、水果、肉粒,还浇上了浓浓的调味汁。其实根据分量和搭配的不同,沙拉的热量差别很大,少的不到一百千卡,多的四百千卡,尤其那些价格不菲的沙拉套餐,一份能接近六百千卡,真是吓了我一跳,再加上别的餐食,怎么可能不吃胖?最近有个朋友告诉我"一口西瓜一口糖",没想到西瓜的含糖量竟然那么高,以后我再也不敢端起西瓜汁就猛喝了。

营养专家很明确地告诉我们，如果想减肥，每个月瘦一到二公斤的速度是最稳妥的，折合到摄入量，你每天比原来少摄入三百到五百千卡的热量就刚刚好。

运动量方面，要老老实实做加法

有运动习惯的人，减脂期间肯定要增加运动量，利用运动手环或者手表，可以进行比较明确的统计。我这次减脂，有雕琢线条的需求，希望拍照能更好看，所以特意去问健身教练怎么加量更合适，既有型，又不会变成大肌肉块。现在不管做胸推还是核心训练，我都以15%的幅度稳步增量，也没觉得特别疲惫，还能看到肌肉的形状比以前好看了。

多久能达到减五公斤的目标呢？减掉一公斤的脂肪需要额外消耗七千七百千卡，如果计划瘦五公斤，每天少摄入五百千卡的热量，（10/2 × 7700）/ 500 = 77（天），也就是七十七天能达到，如果加上增加运动量，像我一样一个半月成功减掉五公斤，完全不是问题。

一些特别重要的提示

要吃主食！我早餐一定会吃玉米、红薯、麦片，午餐会吃杂粮饭。一天的能量摄入有 50% ～ 65% 是由碳水化合物提供的，最主要的食物来源就是谷类、薯类、杂豆类这些主食。减脂不能断碳水，否则就没有精力和体力工作。断碳水短期看不出问题，但长期就会出现酮血、酮尿、机体组织蛋白质消耗等问题。切记。

戒酒很重要。有正在减脂的朋友反馈，最怕参加酒局，参加一次，当天起码重三公斤，要用四天才能恢复状态。我也是如此，聚会和应酬多，戒酒这件事确实伤脑筋。以前自己办家宴，最不喜欢那些"扬言"不喝酒的人，觉得他们好扫兴，现在换位了，如何得到朋友的谅解呢？我觉得最好的方式就是相约在夏天一起瘦五公斤。

我的财富观

每到春节前,满耳朵听到的都是某公司给每个员工发最新款的手机、某大厂的年终奖是股票、散户逼空华尔街、特斯拉的马斯克斥资十五亿美元买入比特币等财富故事,那我就谈谈自己的财富观——可能跟很多人都不太一样哦。

第一,从五个维度衡量一年的收益

不知道那些新年愿望只求暴富的朋友是不是在开玩笑,因为在我看来,年终总结一定是一种综合体现。我总结出了五个维度,包括金钱、工作、健康、成长、人际关系。谁也不可能只单方面发展，顺序也可能各不相同，比如我的顺序就是：工作、健康、人际关系、成长，排到最后才是金钱。工作是一切的基础，健康和人际关系对我来说重要程度超出一般人，只要不停学习必然就能成长，而别人最看重的金钱，在我这里就是"可支配收入足够花即足矣"。

第二，健康是最重要的财富，也需要持续不断地投入

可以说，没有健康就没有一切。既然健康是一笔重要财富，就需要持续不断地投入。花在健康方面的钱，我从来就没估算过，购置健身器材、办健身卡、上小课、买营养品（我有长期补充维生素的习惯，也总买一些能让我保持精力充沛的补给品），每天吃新鲜有营养的食物。

除了这些，我还未雨绸缪，定期体检，很多年前就购买了大病保险。

第三，朋友圈也是我的关键资产

在人际关系方面，我是老派的人，交朋友不只限于网上，还喜欢面对面交朋友，喜欢出去旅行交朋友，喜欢跟朋友们一起快乐地品尝美食。我总说朋友圈是自己巨大的财富，所以也

愿意在这方面进行投入，外人看我总是晒美食，觉得我的生活"醉生梦死"，其实自己吃饭的话，一碗面就很满足，但是我乐于把钱花在请朋友们吃饭上。

第四，一买就开始贬值的东西，你会付钱吗

我的回答肯定是"不"。这个问题最早出现在《富爸爸穷爸爸》这本书里，这本书对我的财富观影响很大。既然你也同意，那为什么还要买车呢？我曾在社交网络上收到私信，网友问我开什么牌子的车，我说自己没有车，对方根本不信，说你这样的"大老板"怎么可能没车。事实上我就是根本不想买车：第一，用开某个牌子的车来显示身份的做法很幼稚；第二，既然是代步工具，完全可以打车，我把别人开车、堵车的时间用在更想做的事情上。

第五，我不羡慕四百平方米的豪宅

我承认房子能升值，但也不会买，所以到北京二十多年，都是租房子住。我了解自己想过什么样的人生：我单身，没有孩子，不需要把房产传给后代，而且也习惯四海为家，退休以后会选择一个心仪的城市生活。那为什么要投入巨额资金买房

呢？我有事业很成功的朋友，参观他四百平方米的豪宅时我很赞赏，但是一点也不羡慕。

对于那些特别焦虑，要买天价学区房、给孩子多留几套房的朋友，我总劝他们儿孙自有儿孙福，当年我们没有含着金汤匙出生，也并没影响我们成为现在的自己。

第六，有足够多的可支配收入才能真正享受到花钱的快乐

就因为不买车、不买房，我才有比一般人多的可支配收入，把钱花在自己和朋友身上，让花钱的快乐成倍放大。

第七，股票、基金、保险和储蓄，做理性的投资

我从很年轻时就开始买寿险，如今缴费年限已经够了，以后就可以享受固定的年金了。虽然不是很高，但退休以后温饱足矣。股票自己也曾经买过，但是知难而退，因为并不是专业人士，每天看着股价七上八下，人变得不开心了。所以干脆买基金，请专业人士操盘就好了。年轻时理财喜欢成长型收益高的，现在则偏向稳健型的。加上一些储蓄理财，都是为了保证有足够的可支配收入。

第八，改变消费观念

最近几年，我的消费观念也有不少改变，以前衣服、手表、当季的体育用品都会随性买来，现在真的觉得足够了，没必要拥有那么多物质，欲望也变得越来越少。我想劝诫年轻人，很多东西其实都不需要买，千万不要因为别人有，你就一定要拥有，尤其是在你的财力跟不上的情况下。

第九，欲望大，代价也大

财力跟不上，又不能克制欲望，带来的恶果就是负债。轻易就能贷来钱的网贷就很容易让人滑入陷阱。尼尔森2019年11月发布的《中国消费年轻人负债状况报告》显示，借了花呗、借呗，每个月能按时还清的人是少数，90后职场人士实际欠款人群比例达到57%，95后职场人士该指标也接近40%。我看到这些数据觉得触目惊心。

保持良好的财务状况，就包括尽量不借贷，也不要借给别人大笔资金，因为借出去的大概率就拿不回来了。如今那么多借钱的渠道，真张嘴来借钱的人，可能早已负债累累了。

保持自己正确的价值观，你就永远不会跟着跑偏。

5

**打破偏见,
突破认知局限**

解决问题的办法只有行动。

是什么让我们全力以赴

之前我见识了一场很好看、很"刚"的真人秀节目——《拳力以赴的我们》。在青岛东方影都融创影视产业园里,现场空间恢宏大气,两旁是观众,中间围成个拳击台,主持人是张绍刚,气氛非常热烈。

《拳力以赴的我们》是优酷推出的拳击竞技体验真人秀,主办方力求呈现明星的竞技对抗,要展现他们枕戈以待、挥洒汗水和完成蜕变的整个过程,弘扬"无畏""勇敢"等积极向上的人生观。从我观看的利路修 VS 王晨艺、向佐 VS 肖顺尧两场比赛中,我觉得这个节目做到了。

据我所知,这个真人秀节目,让很多平时不是运动达人的艺人很投入地跟着教练一起训练。有个模特说:"上场就要拼,我也只能拼。"我看的那场,歌手肖顺尧竟然能打赢曾练过泰拳的向佐,让人既吃惊又振奋。如果让我找原因,我觉得是因为他能全力以赴地做挑战自己的事。

满怀感慨地看完比赛之后,我发现一个很有趣的关系:你越是能全力以赴地运动,运动就越能帮助你全力以赴地好好生活,运动带给我们的好处很多。

运动让人有活力和快感

很多次从外地回来,下了高铁我就去健身房锻炼,有些朋友知道了很吃惊,问我:"出差那么累,你怎么还去健身?好好休息一下不好吗?"没有亲身体验过的人,可能很难有这样的体会:做适量的运动才会让人有活力。

以下是医生推荐的三种能缓解疲劳的运动:

1. 慢跑。

对心肺健康和血液循环都非常有益,还能充沛你的精力。不用追求超长的跑量,每天半小时即可,甚至可以走跑结合。我知道不少人下班后换上跑鞋跑步回家(当然住得离公司比较近),跑回家后刚好缓解了工作的疲劳,跑步时还顺便思考了一下工作上的事,到家后就可以轻松吃晚餐。运动之后大脑分泌的物质会让你感到很愉快，让你不再是那种回到家还带着一脑门子烦心事、让家人也很不开心的人。

2. 骑自行车。

骑自行车不只是一种有效的锻炼方式，还可以让你放松心情。骑自行车时尽量多使用大腿前面的股四头肌，调动全身肌肉来配合骑行，同时锻炼膝关节、踝关节和脚关节。

3. 打高尔夫球。

哪怕只是练习挥杆，也能锻炼上半身的灵活性，增强腰部和手臂的力量。这项曾经被称为"贵族运动"的体育项目现在已经比较普及了，置办行头和租用场地的价位并不比打网球贵多少，一旦学会就可能使人上瘾。

其实当你感觉疲劳的时候，这些运动比"躺平"更能让你摆脱疲惫感。

运动让人诚实和谦虚

有人在健身房摆拍发朋友圈，但健身有没有成效，最终骗不了自己。运动逼着人诚实。

一名运动员，他的速度、力量、韧性，这些数据都可以通过实实在在的比赛成绩显示出来，无法作假。拿我自己举例，以前年会想给大家表演钢管舞，试过以后才发现，力量这些还能靠练,旋转中的头晕简直苦不堪言。有人说做做样子就可以了,没谁真的要求你非跳成什么样不可,可我觉得不能敷衍了事,连续半年时间,虽然每次上课都头晕,但我还是主动约舞蹈老师学习和练习,练得浑身肌肉疼,最后终于达到了自己的预期。

我问过好几位奥运冠军,比赛之前他们在做什么,他们都说,根本不会想明天赢了如何如何,只是保持平静和放松,而获得胜利以后,也是感恩胜过骄傲。不知道大家有没有注意,每位伟大的运动员都很谦虚,因为**运动和长久的训练必然使人谦逊**。你可以驾驶一辆马力强大的钢铁机车,但是站在运动场上就会发现,想提高十几秒的速度、想多举几公斤都很难。我们能够清晰看到自己的极限,也能清晰看到自己和天才的区别,所以常运动的人会领悟到,**运动是自己和自己比赛,是自己超越自己**。

同理,一个不能克服自己惰性的人,也根本不可能被委以重任。我就遇到有些答应了出席商业活动的明星,临到活动时间,人根本不露面,发来消息说什么"哎呀不好意思,今天状态不好",这样的人,下次也就得不到机会了。

运动能让你感受到一种难得的公平。

那些遇到事情逃避、发怒、不肯接受现实的人,往往没有投身过一种运动。我看到过这样一段话,颇为认同:"和人类社会中的很多活动不一样，运动的付出和收获完全成正比，钱可以买来装备，但买不来腹肌。不管是明星大佬，还是我们普通人，任何人都必须付出足够的时间和精力，才能换来身体的正向反馈，而且运动无法一劳永逸，这也是它公平的一个特征。"现实生活里有很多不如意，很多时候只能等待和忍耐，然后再试着改变，这也是运动给我的启示。

为什么我总是那么乐观

很多人看我在社交媒体上的状态总是那么积极、乐观,都很好奇我是怎么做到的。事实上,人的生活并非总是一帆风顺的,总会有不如意、不顺心的时候,那么,怎样去转变负面的情绪,让自己的生活充满正能量?我用了很长的时间探索这个问题,现在就来跟大家分享我的心得。

第一,最重要的是要拥有好的硬件,也就是健康的身体

就像一部好车,在驰骋之前,先要让整部车的硬件维持在最佳状态，人也是一样。有了健康的身体，在遇到挫折时，你才会有充沛的体力来面对。身体健康，头脑也会更清晰，你才会有更清晰的思维来处理那些复杂的事。那么，我们要如何保持身体健康呢？

1. **养成运动的习惯。**

这不仅可以让我们的身体健壮起来，而且运动产生的内啡肽还会让我们心情愉悦。当你情绪起伏很大的时候，不妨去跑步健身，当你专注于挑战身体极限时，许多负能量就随之发泄掉了。

2. **积极"维修与保养"我们的硬件设施。**

一旦有了小病小痛，必须马上解决。很多小毛病会让我们无法专注于工作与生活，比如牙疼、甲沟炎、眼睛干涩等。对于这些身体上的小毛病，大多数人觉得忍一下就算了，懒得去根治。但正是这些小毛病会时不时地影响你的情绪，还可能会演变成更严重的病痛。既然这样，为何不积极治疗，一劳永逸呢？

3. **养成良好的饮食习惯。**

这是对我们的硬件设施进行保养的一种方式，挑选优质的食物，定时定量进餐，保持心情愉快，都能让我们在面对负能量时具备基本的身体抵抗力。

吃得健康，持续运动，保持正常生活作息，适量补充维生素,定期体检。能做到这些,身体不会差到哪儿去!

第二,学会处理负能量

当遇到问题的时候,"心态"很重要,不要先想着"为什么",而要去想"怎么办"。也就是说,不要先想着为什么会发生,而要先去想如何解决,等事情都处理完了,再来总结所有问题与得失。当你试着去解决问题时,也许会发现情况并没有想象中那么糟,但如果你一直停留在"怪罪""找原因"的心态中,不仅于事无补,还会白白浪费许多时间。

不要奢望负能量会自己消失。面对问题时,我们都想靠"拖延"来让它自己离开。事实却是:如果不去处理,这个问题反而会在你的生活中固定下来,变成一个长期负担。无论是情感上的沟通,还是同事之间的相处,我们总是会碰到一些难以处理的状况。难以开口、不好意思、举棋不定……这样拖延下去,往往会让问题变得越来越难处理。问题不解决,负能量只会一直堆积,最后的结果不是它消失了,而是你习惯了处在一个充满负能量的环境中,心里的负担依然存在。无论是情感还是工作,都不会往更好的方向前进。我一直相信"事出有因",每一件事背后都有它的原因,而这些原因则会影响到结果。

说个故事：很多年前，我在华航工作，一开始是在做地勤工作，包括处理票务、协调机场事务等杂事，工作内容算不上很有趣。那时华航每年都有招考机师的招聘活动，内部人员也可以报考。我一想，开飞机，那多风光、多有趣，薪水也高很多，我就去报考了。第一关是参加一个学术测验。学术测验结束后，一位前辈跟我说，我的学术测验是所有人里分数最高的。第二关是做一个性格测验，看你是不是适合机长这个工作，我很诚实地按照自己的喜好回答了所有的问题，结果被刷掉了！理由是我的性格并不适合做机长。当时我非常沮丧，可是现在想想，幸好我没去开飞机，那是一个十分不适合我的工作。我的个性就是喜欢和人交流、分享，让我每天面对一堆仪表盘，动辄三五个小时，甚至十几个小时，那我哪能受得了啊？所以，很多事情不如你所愿，也许是老天自有安排，根本不需要太过沮丧，陷入负面情绪中。

第三，创造正能量

每个人身上都有优点，你越夸他，他就做得越好，甚至把他原来的缺点都掩盖住了。要挑毛病，哪个人身上没有呢？每个人都是不完美的，都有毛病可挑，但是何必搞得别人不乐意，自己也不开心呢？当你心情不好的时候，更要去赞美别人、帮助别人，这样做可以将负面情绪扭转过来，非常有效哦！我常常会主动夸奖公司的同事。我并非不知道他们的缺点，但我不会去强调它，因为我更在意的是他们在工作上的表现。有时候我也会跟同事讲，如果现在有人升职或离职了，要从你们中间或从外面找一个人来顶替他的位置，想找到跟他一模一样的人，那是不可能的。我们难以找到完美的人，每个人都有自己的优点，也都有自己的缺点，只要好好发挥优势就行。这样想，工作起来才会比较开心，与同事才会相处得更好。不管是交朋友还是在工作中，我们都要学会发现别人的优点，不吝惜赞美，这样才能一起愉快地共事与玩耍！

另外，我还发现了几个提升正能量的方法：有属于自己的兴趣，我心情不好时就会拿起相机出门拍照，或是夜晚去慢跑，阴霾就会一扫而空；有好的人生伴侣，或是像家人一样的朋友互相扶助，在对方低落时帮他创造充满正能量的环境；养宠物来陪伴自己，养宠物的人通常比较容易开心；多跟年轻人交往，因为他们往往充满活力、乐观且拥有各种有趣的想法，跟他们交往能接收到很多新的概念与态度，让我觉得自己是不断前进且朝气蓬勃的。

但是，如果你尽全力去做，问题却仍得不到解决，那么你应该调整自己，改变自己的心态去适应这个结果。比如说感情问题，当你尽一切努力还是不能挽回一段感情时，你就只能放手，调整自己的心态去接受这个结果。有研究发现，当人在热恋时，眼里只有对方，对身边的其他人会视而不见。而当你接受分手的结果后，你会突然眼界大开，发现身边其实有更关心你的人。这不是也很好吗？Even better!

最后，我用王尔德的一段话来结束这个话题："你拥有青春的时候，就要感受它。不要虚掷你的黄金时代，不要去倾听枯燥乏味的东西，不要设法挽留无望的失败，不要把你的生命献给无知、平庸和低俗。活着，把你宝贵的内在生命活出来。什么都别错过。"

打破偏见，才能与美好相遇

我们身处信息化的互联网时代，信息唾手可得，随时可以评论、转发、交流，人与人之间的距离看起来是更近了。可我渐渐发现，大部分人还是只接受自己想看、同意的部分，仅以部分的事实对事物做出评价，有时甚至会谩骂持有不同观点的人。长此以往，人与人之间只会越来越远。

从我过往的生活经历中，我发现，偏见真的会造成误解，影响人的判断，进而会让你与一切美好的事物隔绝。

记得有一次我去泰国旅游，一个同游的朋友突然冒出一句话："泰国'人妖'真吓人。"我回了一句出乎朋友意料的话："你别随便评头论足，人家怎么打扮又没妨碍你，不关你的事！"事后，我把这段对话贴在了社交媒体上，还加了一段评论："其实我们常犯这种毛病，容易对自己并不了解的或只看到表象的事妄加论断，甚至非议。其实，如果别人并没有违法乱纪，我们就该闭紧自己的嘴巴，管好自己就好了。"这是我少有的一次"发飙"。

人们常常以自己的标准去衡量别人，但谁又能证明自己的标准有多"正确"？对跟自己持不同观点的人，不需要否定，保持各自的观点就好了！每个人都可以有自己独特的想法，只要不违法，不伤害别人，又有什么关系呢？

我第一次去葡萄牙出差已经是二十多年前的事了。印象很深刻的是，某一个晚上，我从酒店出来偶遇了一群黑人，机缘巧合下我与他们进行了交谈。这次交谈对我触动很大。在聊天过程中，我得知他们不是本地人，而是从北非过来的"难民"。当他们以地道流利的英文，谈论起深刻的生活见解时，我感到很惊喜。他们完全颠覆了我此前对北非人民的刻板印象，着实令人刮目相看。我一直觉得自己是一个思想开放的人，但这件事让我的心胸变得更开阔了。我们常常凭借自己浅薄的见解就妄下论断，等到发现真相时才会意识到自己的愚蠢。就像我说的：限制你成长的，不是未知，而是你已知的事情。若能放下固有的刻板印象，主动放低身段，以同理心去倾听，是否就能够减少彼此间的偏见？

除了对人，我们有时候甚至对城市也持有偏见。很多出国留学的人回国后，喜欢拿中国二三线城市的生活水平或某些市民的素质与国外做类比，常常看不惯，甚至批评地方小城市。即使是那些没有留学背景的年轻人，如果在北上广深这样的一线城市待久了，也常常会有这样的想法。事实上，这种对比非常片面。无论你有多么丰富的阅历，你都不能全盘否认一个城市。诚然，它也许有很多需要改进的地方，但每个城市都一定有它美好的一面。

于人于事，心怀偏见都是心胸不够开阔、格局不够大气的表现。同样是人，谁又比谁高一等呢？持有偏见，只会让人们之间的距离越来越远。

我自己会用下面几种方式去保持开阔的心胸。第一是不妄下定论。做事不能只看表面，就像上面在葡萄牙偶遇黑人的故事一样。在你固有刻板印象的认知之外，往往有更多你不知道的真相。第二是除了读万卷书，还要行万里路。知识的积累是必要的，你懂得的越多，就越能看清楚事情的本质，而获取知识的途径除了书本，更多的是去看、去接触不一样的人、事、物，所以说旅行能增广见闻。举例来说，在中国我们常会以摸小孩子的头表示嘉奖或安慰，但这件事千万不能套用在泰国人身上。泰国当地宗教信仰中认为头部是神圣不可侵犯的，不能随意触碰。只有当你真正走出去，亲身体验各个国家、城市所拥有的不同文化与思想时，才会发现这个世界最有趣的地方。第三是多交不同类型的朋友。我认为拥有形形色色的朋友可能是消除偏见最直接有效的方法。很多看起来很"怪"的人，只有当你贴近他们、了解他们的时候，你才会发现他们可爱的、才华横溢的一面。这个认知认同的过程，正是摒弃偏见的过程。

最后回到网络这个话题上。我看到很多话题被炒热，都是因为偏见。先是媒体或自媒体提供了以偏概全的报道，接着网民们开始发表断章取义的评论、不负责任的攻击，最后掀起热潮，甚至引发社会事件。其实这完全没有必要。每个人都可以有不同的见解，"互撕"并不会让真相水落石出，只会让偏见造成的裂缝越来越大！面对批评，我们也不用太过在意，毕竟"不可能所有人都会喜欢自己"。对来自不喜欢自己的人的恶意攻击，又何须在意呢？

我们生活在一个彼此息息相关的世界，发生在别人身上的事情看似与你无关，其实都在影响着你。在现代社会，如何跟别人保持密切的沟通、交流，而不伤害彼此，是每一个人都要学习的重要技能。

只有打破偏见，你才能发现生活中更多的美好，才能更好地去感受世界的丰富与奇妙，别让偏见阻碍我们与美好相遇。

改变能改变的，接受不能改变的

2020年，我们见证了不一样的历史。

2020年3月3日，《SoFigaro费加罗周刊》对我进行了采访。他们特别策划了一个时尚热点讨论专题：疫情发生后各大时尚品牌不得不暂时性闭店，品牌、平台和内容制作方都遭受了冲击，本来预期中应该是一片繁荣，没想到遇到了断崖式的下跌，未来会怎么样？他们请到了包括我在内的一些圈内专业人士，就这个话题进行讨论和展望。作为公关人，我的观点是："疫情是短暂的，声誉是长远的。"同时谨慎预期下半年商业活动能得到一定程度的恢复，但是我也没有打包票，尽管国内抗击疫情的工作做得很好，但是我牢牢记住了比尔·盖茨之前的忧虑，他担心新冠肺炎可能成为百年不遇的大流行病。之后发生了什么，你肯定知道了，仅仅十天之后，世界卫生组织就宣布新冠肺炎疫情开始全球大流行，疫情可能会持续较长时间。那时的我，每天依旧好好运动、好好吃饭、分享自己的快乐生活……我的乐观从哪里来的？

健康是本钱，自信提高免疫力

"很多人生病是因为生活中缺乏耐心、爱心和宽容，痛苦和沮丧等情绪占据上风。"这是研究发现的结果。疫情严重时，有些轻症的患者在被要求隔离期间，营养跟不上，身体免疫力下降，恐慌、孤独、无助，导致病情加重。谁是因，谁是果，交织在一起，难以分清。我知道强烈的意志能在身体里形成一种坚定而有力的复合能量，有助于提高免疫力，战胜疾病。但日常生活中，还是要有健康作为本钱。

那段时间，就算健身房不开门，我也每天都锻炼，这一点连好多健身教练都做不到。在我居家的十四天中，我依然坚持每天锻炼，保持积极的心态。

我要力劝大家过自律的健康生活。经历了这次"防疫之战"后，那些说"早知如此，当初就该好好锻炼身体"的人，不知道有没有开始行动。下面我就要谈谈行动了。

我的人生哲学：解决问题，只能靠行动

在疫情期间，我每天在社交媒体上发的内容都很阳光，有人问我："你难道就不怕新冠肺炎吗？"我当然会怕，所以我很注意防护，出门必戴口罩，随身携带消毒喷剂，勤洗手，没洗手不会接触耳鼻口，对周边人的健康状况也会关注。"害怕"解决不了任何问题，就像悲观也没法解决问题一样。解决问题的办法只有行动。

有人提出一个词叫"次生灾害"，指的是这次疫情中，很多行业都受到了重创，很多人成了"受害者"。其实我在之前也提到了，公关、广告、营销等行业这次也受到了明显的冲击，比如疫情前交付完成的咨询项目，尾款收回遇到困难。以前我也遇到过客户长时间拖款的问题，"埋怨怎么会有这样的客户、怪自己运气怎么这么不好"都没用，我就直接找到对方公司的领导，问是怎么回事，希望对方给出解释，告知对方如果没有合理的解释我们就要发律师函，结果对方拿出了一个比较合理的回款计划，这件事算完满结束。

无法改变外界时，就改变自己的心态

有些事情就是无法改变的，比如突发事件、大环境的变

化、一些政策的调整。与其为此闷闷不乐，还不如改变心态，自我调节。很多不开心，都是因为固守了某个观察事物的角度。我常说"everything happens for a reason"，像我平日那么自律、从不误机的人，有一次坐在高铁的候车厅里回复信息，竟然生生错过了检票时间。结果改签下一趟车后，竟然结识了一个踢足球的少年，一路聊得很好，加了微信，成了朋友。我因此感悟，你可以很努力，但在无法改变的情况下不要懊恼，有时你不犯那样的错误，就永远不知道还有另一种可能，还有另一种风景。

与人交往也类似。就像在社交媒体上无法说服对方一样，你也无法要求别人全然符合你的心意。与其心生郁闷，倒不如多看别人的优点，多赞美，对方可能就会越做越好，这反而让你和朋友相处时变得愉快许多。

我希望疫情的消极影响能尽快消退，大家都尽快走出低谷。就算丢了工作，其实也是小事。我在台湾有个同学，有一天突然没了工作，他受到了很大的打击，因为多年来他只会做这份工作，没有别的技能，这有点可怕。我建议大家要做"斜杠青年"，拥有多重职业和身份，拥有多元化的生活，因为只有这样，当危机成为转机时，相比别人，你才可以更轻松地东山再起。

保持理性，心怀善意

我曾在专栏里写过，这世界没那么糟。你经常看到的那些匪夷所思的社会新闻，很多是互联网媒体受流量驱使特意为之。但是那些"人与人之间毫无信任、没有同理心、互相伤害"的热点新闻，确实激发了很多热议，让大家人人自危，甚至也让我反问自己：为什么自己在待人处世上会那么"天真"？

每个人都希望被信任和尊重

回忆 1988 年时，我才二十多岁，跟妈妈到大陆来探亲。妈妈在亲戚的陪同下回老家安吉，我自己一个人留在杭州。第一次到杭州，感觉既新鲜又兴奋，我认识了两个当地人，他们很热情地带我参观游览当地名胜，我也很大方地请他们吃饭。最好玩的是他们带我去少年宫，我看到很多人在跳露天交谊舞，这是我初次见识到咱们的广场舞。当时看到那个热闹的场面，我就忍不住要参与，解开腰包交给其中一位新朋友就跳舞去了。其实当时腰包里放着我全部的钱、外汇券、返乡证、护照等重要的东西，等我一头大汗跳舞回来，那位新朋友把腰包交还给我，问："你怎么就敢把腰包交给我啊？"类似的经历还有去泰国玩，那时没什么钱，住在挺便宜的旅社，认识了一个在海滩上帮人按摩的泰国青年。他请我免费住他家里，我就搬去了。别人说你就不害怕吗？我说："他请一个陌生人到家里跟妈妈一起住，难道不应该更害怕？"现在回想，年轻时确实很有冒险精神，但是之后多年来我的为人处世原则一直都没变化：你怎么对待别人，别人就怎么回报你，每个人都希望被信任和尊重。

万博宣伟就倡导相互尊重和信任，不仅是员工之间，也包括跟客户之间，正因如此，很多实习生都表示非常喜欢我们的公司文化。

学会承担人性中的最大可能

有些人看了以上我的经历可能会说：你是运气好，没遇到骗子。其实不然，谁能一辈子运气这么好，被保护得这么好？钱财还只是身外之物，更深层面的伤害我也经历过。但是我很不喜欢有些人赌气说"再也不相信××"这样的话。在大学讲演时我就曾跟大学生们说：去爱，不要怕受伤害，恋爱就是需要学习的，那些因为恋爱失败搞得筋疲力尽的人，都只是经验不足而已。受了伤害以后不再信任任何人，对自己反而是更大的损失。

工作中更有可能遇到天生不喜欢你的人，这个再正常不过了。要怎么做呢？我的经验就是：

1. 搞清楚状况，你是来工作的，先努力做出业绩来。

只要企业没问题，该给你的一定会给你，明智的领导会估量失去你的代价。

2. 一个团队里会有各种性格的人，那没关系，但要尊重团队中所有人的劳动。

3. 尽力塑造友好的氛围，不要粗鲁地对待别人。

在痛苦的经历和不友善的冲突中，我们总能学习到一些东西，最终的目的不是产生仇恨，而是通过善待自己来对抗负面情绪。

要成为一个健全的人

我可以下一个定论：每个匪夷所思的社会事件背后，都有一个心灵不健康的人。长久以来，大家都很注重身体健康，但缺乏对心灵健康的关注。改变大环境可能并不容易，但是我们能做一些努力。

比如，经常与充满正能量的人在一起。积极的人带来积极的共鸣，消极的人带来消极的共鸣。我从来不愿意把时间花在那些爱批评、爱贬低别人的人身上，而愿意把更多的时间花在那些支持自己、跟自己价值观相同的人身上。

多做你喜欢的事情。培养一个爱好，比如健身，加入一个新的俱乐部或组织，或重新开始做一些很久以前想要去做但出于种种原因放弃了的事情。把休息日都留给这些令人愉快的事情。

像我一样多交朋友，多跟亲朋好友互动。相比社交媒体上的互动，我更推荐面对面的交流。毫不吝啬地向他们表达你的感情和赞赏，你能得到更多的回馈。

多做善事，多做志愿者，去参加公益活动，或者在社区中做个乐于帮助邻居的好人。

保持读书学习的热情，从书本中汲取治愈心灵的智慧。

说了不少保持心灵健康的方法，但我不是劝年轻人"用爱发电"。现实社会中确实有不少人心理不健康，稍受刺激就会做出极端行为，我们也要学会保护自己。对此，我也有一些建议：

1. 保持理智。

任何场合都不要脑子一热就脱口说出伤人的话，就算是与恋人分手，也不要随便讲出羞辱对方的话，因为你根本不知道下次再相遇会发生什么。

2. 笑脸迎人。

老话儿说"伸手不打笑脸人"。出门在外，微笑总能拉近距离，化解矛盾，降低敌意。

3. 当周围环境对你不利时，千万不要再激化矛盾。

4. 脑瓜要机灵。

打游戏时我们都知道遇到前方高能预警时要赶紧跑，现实中，遇到穷凶极恶的歹徒时，不要自逞平日有健身，而要尽快离开危险场所。如果发现有人正遭受歹徒的侵害，也应该"见义智为"，不可逞匹夫之勇。

苦事、乐事、寻常事

以一个过来人的身份,我总结出这样一点:生活里总是包含了苦事、乐事以及大量的寻常事,重要的是心态。

加班苦,健身其实也很苦

活着就要好好生存,生存依赖健康的身体,这两样来得都不轻松。

现在很多青年人每周的工作时间超过了五十五个小时,已经严重危害了健康。世界卫生组织与国际劳工组织明确指出,长时间工作对健康有严重的危害。危害主要体现在:和每周工作三十五至四十个小时的人相比,那些工作达到五十五个小时的人,患中风的概率高出35%,死于缺血性心脏病的风险高出17%。很多加班到深夜的人都曾感到心悸,那就是心脏在告诉你——它需要休息了。我觉得,没有一份工作值得我们冒猝死的风险去做。政府、雇主和员工要共同努力,不要再宣传"996是福报"这样的话了。

锻炼、健身当然也不轻松。之前为了拍写真,健身教练建议我加强一下胸肌的训练,让线条更好看,于是他带我去健身房亲自指导。我以前自信满满,觉得胸推左右两边都是二十四公斤,练得已经非常不错了。结果他说我的姿势不够标准,训练的部位不精准。按照他的严格标准,我只推了十八公斤,没做几组,就差点虚脱。本来之后还想做TABATA训练,结果已经完全没体力了。那次体验真是横扫了我的信心,本来觉得自己不怕吃苦,大重量练得挺好,被批评了以后感觉哪儿哪儿都不对。不过好在我事后反思,每个人健身的目标不一样,健身教练为了比赛练到极致,控油控水,普通人根本无法与之相比。我看有些教练的单车训练,强度大到能跟下来整节课的学员不到5%,这已经不是为了健康目的的健身了,锻炼过度反而伤害身体的例子也有不少。

广结天下缘是乐事

说件有趣的事,一些专业运动员在路边找大爷下棋、在小区找大爷打乒乓球、在羽毛球馆找大叔打球的视频,有段时间挺火,喜剧效果很强,这其中就有我的好朋友林丹。他拍摄的那个视频播出后,他一夜之间就新增了一百万粉丝。短视频的传播力真是不可小觑。

我也遇到过类似的有趣的事。抖音上某个八卦账号,说什么"公关圈的L姥姥资源好厉害,捧谁谁红,想知道更多的关注这个娱乐号"。有人转给我看,当时看了真是觉得好笑,这种冷饭还有人炒。以前我就说过,我不屑于去辟谣,没想到一觉醒来,我的抖音增加了两千个粉丝,下面留言的全是要跟我合影,要认识我的。不管这件事的起因如何,能广结天下缘还是人生一件乐事。之前在南方时,遇到一个陌生的年轻人主动来告诉我,说他刚好读了我的《天下没有陌生人》这本书,那个感觉太好了。

要时刻不忘善待他人,哪怕是蹭你流量的人、"吃瓜"的人、街上遇到的普通人。因为你的善待,有可能激发他们努力做好事。

学会发现世界的本质

从一些社会新闻中能看到,很多人因为心里压抑和扭曲,生活得非常不开心,甚至去伤害别人。在批评之余,我们需要反思,长年累月积攒下的不良情绪到底要怎么化解?我平常很自律,也很努力,仍难免会遇到一些问题或者挫折,那怎么看待这些躲不开的寻常事呢?

我发了一个视频谈自己的体会:发生不好事情的原因从来都不简单,不好的事情大多是由一系列的连锁反应导致的。比如说今天早上迟到了,一个原因是拉肚子,但是如果我起得更早,即便拉肚子也不会迟到。至于为什么会拉肚子,可能是昨天晚上消夜吃了不干净的东西,或者是晚上睡觉时空调开得太冷,肚子着凉了……继续探究下去,迟到的原因可能千丝万缕。

因此,在发生问题之后,我会立即去想怎么解决问题,避免下次再发生同类问题,而不是纠结于这次为什么这么倒霉。纠结、悔恨、归咎、不接受现实,都无助于解决问题,只会浪费精力,导致情绪低落。

不要将问题的发生只归咎于一个显而易见的原因,其实可能是在那个特定的时间、地点,因为一系列的连锁反应,问题才会发生,所谓"蝴蝶效应"就是如此。错过那个时间、地点,或许问题就不会发生。出现问题当然有自己的原因,但有些时候也有别人的原因。

迟到还是小事,有时引发的后果可能很严重,比如没拿下大单、丢了工作。我也劝朋友们要有"万事皆有因"的心态,先采取行动补救,之后再来复盘。有时候你很快就能找到原因是什么,有时候则需要经过一段时间才能意识到为什么会发生这件事情,甚至还有经过了很长时间也不知道原因的情况,这都没关系,总会有找到原因的那一天。当下就是接受现实,纠结只会带来更多负面情绪,浪费精力,而问题还在那里。塞翁失马,焉知非福。说不定这扇门被关了,而另一扇窗打开了呢?

从心、从贤、不从众

如今常有一种强烈的感觉，每天打开手机看层出不穷的社会事件、热门讨论，没几天就又会出现所谓"反转"、所谓"打脸"。那我们要怎么表态、怎么行动才不会"脸都被打飞了"呢？以我的经验来看，独善其身的最好办法是：可以从心，可以从贤，但就是不要从众。

迫于群众压力的从众

其实面临这种压力的不但有个人，也有企业。这就是我们公关行业存在的必要性。我举个例子，在"7·20"郑州特大暴雨灾害发生后,很多企业都在积极捐助,有家企业因为捐助款项超出公众的认知,一下子上了热搜。既然能上热搜、能直播大卖,那是不是其他企业都应该跟着加码呢?我给客户的建议是:有能力的可以多捐助,但如果只是为了博热点,就不要做。做好自己的产品比什么都重要。企业只有做大事、做长久的事,才对得起公众,对得起自己的消费者。

群众压力也体现在我的社交媒体上。本来有两个运动品牌都是我们的客户,在中国市场也都做得很成功,我主动选择轮流穿他们的产品以示支持。捐助风波之后,有人竟然在我的社交平台上留言抨击我为什么不晒出穿那个热搜品牌衣服的照片……我想说:你可以晒啊,自己用行动来证明自己的选择,不是挺好的?我选择做什么,有我的原因。这并不矛盾,又何必对立?

还有一些事也是群众压力很大的,比如一定要结婚、生孩子,一定要选周围人觉得有前途的专业(而不是自己喜欢的专业),一定要留在大城市(或者正相反,一定要留在父母身边)等。解决问题的办法,我觉得就是**勇于站出来**,从心去选择。把这个当作突破口,活出自洽的生活。庄子的《逍遥游》中,鲲先是飞上九万里的高空,之后又飞往南海。麻雀、斑鸠之类的小鸟无法理解鲲的做法,就嘲笑它。对此,庄子说"小知不及大知",认知浅薄的,无法理解认知深刻的。真正强大的人,往往不从众。别人不理解或嘲笑他们时，他们也并不辩解。

信息性从众

除了迫于群众压力的规范性从众，还有一种从众叫作信息性从众。它是主动的，是你自己观察别人的行为后再去模仿而导致的从众，换句话说就是照着样子做。端午节时，大家发的祝福语都是"端午安康"，你是不是也把"端午快乐"默默改成了"端午安康"？

这种信息性的从众，受资讯和文化的影响很大，在一段时间内甚至你不照办都不好意思。比如十年前，跑步在企业家中特别流行，你不跑个马拉松都不好意思跟人家聊天。我也跑步，品牌方举办的十公里比赛我都参加，但后来发现自己的膝盖有点疼，强行坚持跑步只会越来越糟，只好改成其他更适合自己的有氧运动，我换成了用划船机或椭圆机锻炼。再跑步，也是在跑步机上增加坡度，它锻炼肺活量的效果跟真正跑步是一样的，却减少了对膝盖的伤害。

对保养品和医美的选择也特别容易从众。以前有人向我力推一种抗衰老的保健品，我没有全信，仔细查了资料，结果发现它所谓的功效根本没有得到权威认证，所以我没有采纳这个建议。医美跟风也特别严重，整容之后，甚至"千人一面"。

我觉得，对有关自身健康的各种选择，一定要多研究资料，依据自身情况来做选择。

投资方面的从众更是害人不浅。很多年前我在台湾时跟着大家一起炒股，结果发现，自己根本没有时间和精力读财报，只能什么热门买什么，股市专家"爆"哪只股票的牌就跟着买哪只，结果是什么呢？赚钱不赚钱不是最重要的，最重要的是我发现生活变得如此不快乐：赚钱了，后悔没有卖到最高价；赔钱了，后悔没有早早抛出。所幸我早早退出，只买稳健的基金，之后不管股市多热，也不贪心。

还有，如果你是有影响力的大V，对社会热门事件的跟评一定要慎重，一定不能从众。"蹭热点"和"吃瓜"不是我的作风，如果有人让我对热评事件发表看法，我会说：目前能了解的资讯不够，还是等等看再评论，这些事，法律一定会给出公道。不要胡乱拼凑信息诋毁别人，我们要相信绝大多数人做事的初心是向善的。

以上谈了两种从众心理以及如何独善其身，最后我提三点建议：

1. 保持自己正确的价值观，你就永远不会跟着跑偏。

2. 遇到大事件，不要恐惧，不要反应过度，冷静一阵再行动。

3. 多采集资讯，多读书，多听贤者的声音，进行辩证性的思考。

因为人工智能、大数据的应用，我们总被推送自己想听的声音、想看的内容，信息的采纳会越来越单一，从众心理会越来越严重。一定要主动倾听不同的声音。

做乐观的人,用乐观心态影响身边人

这几年,为了保障大众健康安全,大型活动的举办、参加都需要遵守政策,提前办理手续。很多人因为某一环节不顺利就大发脾气,我也有过这样的经历,但自己被这样来回折腾,倒一点也没急躁和恼怒,都坦然接受。从展会出来,突然下雨降温,正想走去地铁站时,有个看展的年轻人举着雨伞,主动对我说一起走过去,那种善意让我心里格外温暖。

疫情改变了我们生活的很多方面,这些都不得不接受。而在当下,我想保持身心健康是每个人最大的愿望了。

我骄傲的，被验证是正确的

疫情极大考验了以人民健康为中心的公共卫生体系，也让我们意识到，不给社会添麻烦的最好方式就是自珍、自爱，过健康的生活。

有一次，我发了两条微信给一个年轻朋友，他直到第二天中午才回复我，说刚刚起床。在十多天里，他根本没出屋门，意志消沉，觉得生活没有目标。我听了以后很震惊，让他马上出去运动一下，最好能跑一跑步。他稍微运动后回来，说心情好多了。

他不是个例。疫情反复导致的不便，让很多人消沉和懒惰。有调查数据显示，67%的中国城市受访者计划在疫情结束后，花更多的时间和金钱在家锻炼。高净值消费者已经从追逐奢侈品转向追求身心健康，健康成了人们追求的"新型奢侈品"。

这个趋势我一直很赞同，财富不是唯一值得夸耀的东西。意外的到来，让我们突然发现，原来很多东西都不是想象中的那么坚固。能依靠和信赖的本钱，排在第一位的是健康的身体。我在录制采访视频时曾说，尽管可以说事业上小有所成，这些年培养了很多公关人才，分布在各个行业，但自己觉得最有成就感的是两件事：第一是我的身体真的很健康，到这个年纪还能保持这样的身材，保持这种活力，来应对一切变化的人，确实不多；第二就是我有很多像家人一样的朋友，这让我骄傲。

用乐观心态影响身边人

一项调查显示，疫情时期许多人的精神健康也出了问题——"在受试者中，31.6%的人有焦虑症状，29.2%的人有失眠症状，27.9%的人有抑郁症状，24.4%的人有急性应激症状。产生这些问题的人主要包括突发疫情城市的居民、工薪阶层、隔离人群、感染者和家属等。"可以说我们谁也不能置身事外。大环境我们无法改变，要怎么办？那就从自身做起，尽量在日常生活里保持积极的心态。

比如，保持积极的职场心态。我曾谈到过一个问题，很多人觉得领导只喜欢会忽悠的人，自己不被重用，受到不公正的对待，感觉愤怒和灰心。我作为一个领导，也普遍征询过其他领导的意见，可以很负责任地告诉你，不是这样的。领导历来看重那些靠谱的员工，委以重任的理由常常出于互补的考量，就像我们公司里，有好的创意的员工可能逻辑思维上弱一些，某些项目方案和架构很重要，那就委托理性的、执行能力强的员工来负责。从自身角度讲，如果你又会做事又能言善道，哪有不被重用的道理？

又如，不要过度在意那些恶意中伤。我的社交平台上什么评论都有，有时评论很恶毒，但我基本不删，也不会动怒。为什么？因为这些人根本不了解你，所以伤害不到你；这些人自己生活不如意，用恶意言语做匕首到处乱刺，其实他们才需要被拯救。只要真正的朋友信赖你，就足够了，对其他人不用过度在意。

朋友们都说我是个乐观的人，并且会用这种乐观影响身边的人，这可能跟我的阅历和从事公关行业很多年的经验有关。在此，我给朋友们的建议还是一如既往：保持身心健康，不要被负面情绪困扰。任何事发生都有原因，任何事也都有解决方法，淡定从容地面对人生就好。

找准自己的目标,就不会躺平

我一直自诩是个积极乐观、快乐生活的人。我很少唉声叹气地抱怨生活,反而经常发自内心地感慨自己是如此的幸运。比如,很幸运能来大陆工作,很幸运认识了那么多朋友,很幸运在万博宣伟工作了二十多年,而且很幸运亲身经历了万博宣伟两次帮助中国成功申办奥运会。

把记忆拉回到 2013 年的 11 月 3 日,中国奥委会正式致函国际奥委会,提名北京市和河北省张家口市联合申办 2022 年冬奥会,这立即得到了中国政府的支持。2014 年 7 月,北京正式入围了 2022 年冬奥会申办候选城市。2015 年 1 月,我们的冬奥会申办委员会在瑞士洛桑正式向国际奥委会提交了《申办报告》。可以说"带动三亿人参与冰雪运动"的美好愿景打动了世界,让我们在 2022 年成功举办了这次冬季奥运会。当时万博宣伟凭借参与北京申办 2008 年夏季奥运会的成功经验,再次为北京和张家口成功拿下 2022 年冬奥会的主办权出了一份力。

我的"冰雪奇缘"

作为一个南方人,直到三十八岁,我才第一次在台湾合欢山见到雪。真正见识冰雪运动则是在韩国,我在教练的指导下第一次滑雪。那时单板还不流行,当双脚踩上滑雪板,双手抓住雪杖的时候,我感觉脚很酸,既害怕又觉得挺有意思。但必须实话实说,因为膝盖不好,加上喜欢的运动种类着实很多,直到今天,我都不是冰雪运动的痴迷者。

在冰雪运动慢慢开始普及以后,我更愿意做的事是组织朋友们去滑雪。看着那些职业运动员初次尝试滑雪,我发现,情况还真不一样,往往只需要学一次,他们就能从初级道去中级道练习。我觉得一方面运动能力是天生的,另一方面长期训练也使他们的核心肌肉群非常发达,身体的平衡感也很好,所以一上雪场就表现不俗。

成功申奥之后,冰雪运动变得越来越火,冬天打开朋友圈几乎总能看到朋友们在滑雪,有些好像从来不运动的人也出现在雪场,发来各种自拍,让我相当诧异。滑雪装备变成了健康投资,滑雪度假也变成了很时尚的消费选择。

当年申奥时,我们向国际奥委会做出了"带动三亿人参与冰雪运动"的庄严承诺,七年来我们做到了。2022年1月,国家体育总局委托国家统计局开展的统计调查报告的官方数据显示:自2015年北京成功申办冬奥会以来,截至2021年10月,全国冰雪运动的参与人数为3.46亿人,居民参与率达24.56%,实现了"带动三亿人参与冰雪运动"的目标。据我观察,冰雪运动爱好者覆盖了各个年龄段和行业,冰雪运动已经不单纯是一种运动,甚至是一种社交方式和创业方式。

冰雪魅力,已经超越运动本身

从统计数字中看参加冰雪运动的目的的占比,"娱乐休闲"的比重最高,达到了70.35%;其次是"强身健体",占比15.78%。我觉得还忽略了别的方面:跟朋友们一起滑雪度假,在社交媒体上展示那些画面,编辑成小视频,吸引粉丝关注和互动,已然是一种新型社交方式。

更让我佩服的是那些利用冰雪运动创业的。听说社交平台上一个能用肱二头肌"咔嚓"一下夹碎苹果的长相甜美的女孩子，从负债几十万元到被官方媒体"点名"表扬，成为滑雪网红后，不但一举还清了债务，还辞掉了原来的工作成了运动博主。她所有的视频中，滑雪视频最受欢迎，其中一个系列视频共获得了 1.6 亿次播放量。在采访中她说，2018 年的雪季，她还是找朋友借了三千块钱去的河北省崇礼的云顶滑雪场，因为"冬奥都申办成功了，我怎么能不会滑雪呢？"

除了个人，那些有创意的商家也从冰雪中找灵感。你有没有发现，既有雪山又有温泉的长白山开始大热，一些著名品牌都去那里发布产品？如果你还没有去过冰雪现场，那你可要抓紧了。

你是三亿分之一吗

每一种运动都能改变人，加入冰雪运动、成为三亿分之一的人到底有什么共性，是我一直在观察的，这也是冬奥会留给我们的财富。

平时我总喜欢跟公司里的实习生交流，从他们那里反向学习。这些年轻人很厉害，他们能客观地认识到自己擅长什么，还应该去加强什么、弥补什么；他们也知道怎么去面对竞争的压力，除了跟同学聊聊，甚至还会专门去学习怎么应对；他们潜心培养各种技能，甚至也会像国外青年一样通过 Gap Year

（间隔年）到不同行业里去实习，找到自己真正的方向。他们热爱生活，一个实习生说自己每周健身三四次，另一个说自己喜爱滑雪。他们笑着说，"躺平"这个词其实是个调侃用的假命题，只是有意识地提醒自己休息一下，真躺平的人，完全没有一点价值。

我看着他们，总结出了这"三亿分之一"的人的特质：不惧寒冷，在雪中驰骋，享受最纯净的呼吸的人，面对任何困难，都不会轻易躺平。

不负韶华，想做就做

前文中我提到自己增加运动量减脂，目标是瘦十斤，迎接一次写真拍摄，为六十岁做个纪念。那结果是怎么样的？有些什么感想？在此我详细跟大家说说。

以梦为马，不负韶华

既然有"留下一组好照片，激励自己永远年轻"的梦想，首先就要选一位好摄影师。我找到了拍摄《青春照相馆》的李孟夏，他是学美术的，审美独到，之前在杂志社工作过，又做过策展人。他拍的照片很有质感，把人拍得都很阳光、性感。

找到他以后，他很快就给出了创意。一共拍三组，三个场景，第一组是在健身房拍，突出阳光、健康的感觉；第二组在一个餐厅拍，那里有很多场景，有希区柯克的风格；第三组在我的卧室拍，背景是干净的白色寝具，让人放松又自然。首先，让我自己都没想到的是，在健身房我摘下了戴了几十年的眼镜，以前我担心眼镜戴久了眼睛会无神，结果照片效果竟然不错，很多人说一开始都没认出来，我好像发现了另一个自己。其次，摄影师准备的配饰为照片增色不少。我侄女是学艺术出身的，她看到第二组照片表示很喜欢，说明里面的细节很到位。而在卧室的那组片子，没有发到社交平台上，我只给朋友圈和微博里的朋友展示了一下。拍摄结束后，摄影师李孟夏在自己的社交媒体上赞美六十岁的我身材管理做得这么好——"你在酒吧喝酒宿醉的时候，你在周末昏睡的时候，你在抱怨生活的时候，人家都在健身房举铁"，我和他真是惺惺相惜。

其实最早我只想拍下自己刻苦训练的成绩，展示下肌肉就满意了，没想到好朋友江南拿出了当年做编辑拍大片的职业水准，帮我策划了一套户外的照片。黑白基调，穿牛仔裤露上身，很健康阳光。同时请了两位体育生，我们一起骑车、玩球，便于摄影师在自然环境中捕捉真实的运动画面。户外的摄影师，我请到了赵浩渊，他擅长拍人体。我曾看过他很多作品，肌肉线条呈现得很完美，所以我们一行人选择在温榆河边拍这组照片。结果是真的很像拍大片：江南为我准备了很多服装和配饰，我自己也准备了衣服。Ricky Yang 特别帮我剪了个栗子头。我们一行总共去了九个人。最有趣的是，摄影师后来承认，那天拍的时候他一边拍一边喝酒，因为觉得我是大腕儿，压力很大，喝点酒可以放松点，怪不得我看他拿个饮料罐子一直在喝，原来里面装的是酒。还有，本来计划用自行车当道具，但是没好意思找朋友借，结果到了河边，旁边刚好有一辆山地自行车，是一位大妈的，看来她也是运动好手。

拿到这些不同风格的照片后，我都很喜欢，而且满怀感激。因为每位朋友都无偿参与，拒绝我的红包，还说看了我的样子觉得很励志，原来，只要自律并努力，六十岁也可以拥有健康开心的人生。还有一件最开心的事，结束拍摄以后，减脂计划可以完美结束，吃的方面不用那么克制了，但我现在体重还是保持在七十五公斤，没有发生变化，因为我的身体已经习惯不吃那么多了。

想做就做，别留遗憾

在"教练的艺术与科学"课程里，有五个原则我是认可的：每个人都是可以的、每个人成功都有自己的内在资源、每个人都会做最适合自己的选择、任何行动都有好的意图、改变是不可避免的。上这样的课，除了可以满足我不断学习的求知欲，还能促使我反思，让我对周遭越发怀有谦卑之心。

比如，跟上课的同学做一对一训练时，我提到了藏在心中的芥蒂：以前，对从台湾来的一位老朋友，因为工作制度要求，我不得已做了一些事，事后一直想跟他解释一下，但至今没有行动。同学说如果是她，想做的事就一定会去做，比如找这位老朋友出来说清楚，如果他体谅，那今后还是好朋友。这非常触动我，我下定决心下次回台湾一定要克服芥蒂，主动找他解释清楚。有时候，人想得越多就越不愿行动，越不去行动，就单方面想得越多，最后成了恶性循环。要是他真的不谅解，那我已经做过努力，从此也能坦然面对了。

在课上，我还列了一份"想做的事"清单，包括"再写一本书、去深圳发展"等。我觉得真的要不负韶华，想做的事马上去做，所以从上海回来，我认真联系了出版社，希望在《天下没有陌生人》之后再写一本书，还仔细考虑了去深圳发展新的人脉。说真的，北京、上海的人脉关系几乎已经饱和，我在这个舒适圈待得已经太久了，而深圳这座年轻的城市，对我这样资深的公关圈人士来说，才是能帮助年轻人成长、帮助万博宣伟继续发展、拓展自己别样人生的新疆域。

图书在版编目（CIP）数据

出众 / 刘希平著 . —杭州：浙江教育出版社，2023.01
ISBN 978-7-5722-4939-6

Ⅰ.①出… Ⅱ.①刘… Ⅲ.①成功心理—通俗读物 Ⅳ.① B848.4-49

中国版本图书馆 CIP 数据核字（2022）第 230627 号

责任编辑	赵露丹	**美术编辑**	韩　波
责任校对	马立改	**责任印务**	时小娟
产品经理	闫丹丹　杨智敏	**特约编辑**	张凤涵

出众
CHUZHONG

刘希平　著

出版发行　浙江教育出版社
　　　　　（杭州市天目山路 40 号　电话：0571-85170300-80928）
印　　刷　三河市中晟雅豪印务有限公司
开　　本　880mm×1230mm　1/32
成品尺寸　145mm×210mm
印　　张　9.25
字　　数　171 000
版　　次　2023 年 1 月第 1 版
印　　次　2023 年 1 月第 1 次印刷
标准书号　ISBN 978-7-5722-4939-6
定　　价　55.00 元

如发现印装质量问题，影响阅读，请与本社市场营销部联系调换。
电话：0571-88909719